Einführung

in die

Elemente der allgemeinen Chemie

Methodisch bearbeitet

von

Max Rosenfeld

Mit 14 Figuren im Text

Leipzig
Verlag von Veit & Comp.
1915

Druck von Metzger & Wittig in Leipzig.

Vorwort.

Die physikalisch-chemischen Theorien und Gesetze haben eine große Bedeutung für die wissenschaftliche Begründung chemischer Vorgänge und Gleichgewichtszustände erlangt.

Mit Rücksicht darauf, daß die aus diesen Theorien und Gesetzen erwachsenen neuen Anschauungen bereits ein sehr großes Gebiet der mannigfaltigsten Erscheinungen umfassen, erschien es zur Erlangung eines klaren Überblickes angezeigt, aus dem Gebiete der allgemeinen Chemie das Wichtigste auszuwählen, den gesichteten Stoff in einfacher, leichtfaßlicher Form zu entwickeln und nach methodischen Grundsätzen so anzuordnen, daß das Vorhergehende die Grundlage zum Verständnis des Nachfolgenden bilde.

Unter Vermeidung schwierigerer mathematischer Beweisführung wurde darnach gestrebt, den Anfänger mit den Beziehungen der chemischen Verwandtschaft zu den übrigen Energieformen vertraut zu machen, ihm durch Anführung erläuternder Beispiele und zahlenmäßiger Beziehungen das verstandesmäßige Erfassen der Grundlagen der chemischen Wissenschaft zu vermitteln und ihn auf diese Weise zum eingehenderen Studium der allgemeinen Chemie anzuregen und zu befähigen.

Teschen, Oktober 1914.

Max Rosenfeld.

Inhalt.

Übersicht über die benutzte Literatur.

Arndt, K., Elektrochemie (Fig. 11).
Arnold, C., Abriß der allgemeinen oder physikalischen Chemie.
Bermbach, W., Elektrochemie.
Blochmann, R., Grundlagen der Elektrotechnik (Fig. 8).
Herz, W., Über die Lösungen.
Jahrbuch der Naturwissenschaften.
Kümell, G., Photochemie.
Lecher, E., Physikalische Weltbilder.
Löb, Walther, Grundzüge der Elektrochemie (Fig. 10).
Lüpke-Bose, Grundzüge der Elektrochemie.
Luther, Robert, Die chemischen Vorgänge in der Photographie.
Ostwald, W., Analytische Chemie.
Ostwald, W., Die Mühle des Lebens.
Ostwald, W., Prinzipien der Chemie.
Ramsay, W., Moderne Chemie.
Rudolphi, Max, Allgemeine und physikalische Chemie.
Stein, A., Die Lehre von der Energie.
Walker, J., Einführung in die physikalische Chemie.
Werner, A., Neue Anschauungen auf dem Gebiete der anorganischen Chemie.
Zart, A., Bausteine des Weltalls.

Körper, Stoffe, Eigenschaften.

Bei der Betrachtung der Außenwelt nehmen wir verschiedene Körper von bestimmter Raumbegrenzung wahr. Das Wort Körper bezeichnet den Begriff des erfahrungsmäßigen Zusammenbleibens bestimmter Eigenschaften, insbesondere Farbe, Glanz, Form, Gewicht. Es sind zwei Klassen von Eigenschaften zu unterscheiden: solche, die bei dem Körper verbleiben und deren Gesamtheit zu dem Begriffe des Körpers geführt hat, und solche, die man willkürlich mit körperlichen Gebilden vereinigen oder von ihnen trennen kann. Erstere werden arteigene oder spezifische Eigenschaften genannt, die anderen willkürliche. Während man z. B. auf keine Weise das Gewicht eines Körpers ändern kann, solange man nicht Teile von ihm entfernt oder fremde Teile zuführt, kann seine Temperatur, sein elektrischer Zustand, seine Bewegung usw. geändert werden, ohne seine Masse oder Trägheit zu ändern. Gleichteilige Körper, die ohne Rücksicht auf Menge und Form nur in bezug auf ihre spezifischen Eigenschaften betrachtet werden, nennt man Stoffe. So sind beispielsweise Messer, Nadeln, Feilen, Scheren und ähnliche Geräte Körper, welche alle aus demselben Stoffe, nämlich aus Stahl bestehen. Die spezifischen Eigenschaften, wie Härte, Glanz, Dichte, die Fähigkeit, an feuchter Luft zu rosten und viele andere stimmen bei diesen Körpern überein.

Die verschiedenen Aggregatzustände oder Formarten.

Die Weise, in welcher die Körper den Raum erfüllen, bezeichnet man als ihre Aggregatzustände oder Formarten. Man unterscheidet einen gasförmigen, einen flüssigen und einen festen Aggregatzustand der Körper.

Die Gase haben weder eine eigene Gestalt noch einen eigenen Rauminhalt. Sie besitzen die Fähigkeit, jeden zur Verfügung stehenden Raum gleichmäßig zu erfüllen. Die Gestalt eines Gases ist durch die Form des Gefäßes bestimmt, in welchem sich das Gas jeweilig befindet. Die Eigenschaft der Gase, jedes Volum einzunehmen, wird dadurch bedingt, daß sie gegen Druck- und Temperaturänderungen sehr empfindlich sind. So genügt die Verringerung des Druckes, wenn ein kleines Gasquantum in einen großen Raum gebracht wird oder die Vermehrung des Druckes, wenn eine größere Gasmenge in ein kleineres Volum gepreßt wird, um demselben den Raum aufzudrängen, der ihm zur Verfügung gestellt wird. Bei einem konstanten Druck und einer konstanten Temperatur ist das Volum eines Gases völlig bestimmt. Die flüssigen Körper haben einen bestimmten Rauminhalt, während ihre Gestalt veränderlich und stets die des Gefäßes ist, in welches man die Flüssigkeit hineinbringt; daher reicht die Erdschwere bereits aus, die Oberfläche der Flüssigkeit horizontal zu stellen. Der mechanischen Bewegung gegenüber zeigen verschiedene Flüssigkeiten ein verschiedenes Verhalten. Schwefelkohlenstoff z. B. wird durch Schütteln leichter bewegt als Wasser, dieses wiederum leichter als Öl. Der Verschiebbarkeit der Massenteilchen wird also bei verschiedenen Flüssigkeiten ein verschiedener Widerstand entgegengesetzt. Dieser Widerstand wird als innere Reibung der Flüssigkeiten bezeichnet.

Ein fester Körper hat eine bestimmte Gestalt und demgemäß auch einen bestimmten Rauminhalt. Dies gilt jedoch, streng genommen, nur von jenen festen Körpern, welche eine bestimmte Kristallgestalt und einen bestimmten Schmelzpunkt besitzen. Die amorphen festen Körper hingegen können eher als Flüssigkeiten mit großer innerer Reibung angesehen werden. Wenn man einen amorphen festen Körper, z. B. Pech oder Glas, im flüssigen Zustande in ein Gefäß bringt und durch Abkühlen erstarren läßt, dann nimmt er stets die Form an, die das Gefäß besitzt, ohne ein Bestreben zu haben, eine eigene charakteristische Form zu bilden. Gläser, die mit Mangan entfärbt sind, zeigen die merkwürdige Eigenschaft, daß sie sich im Lichte langsam violett färben. Diese Farbe geht durch die ganze Masse des Glases und bleibt dort aus, wo die Wirkung des Lichtes geschwächt war, z. B. hinter aufgesetzten Buchstaben. Der Vorgang ist ein Beweis, daß in einem amorphen Stoffe wie Glas trotz seiner scheinbar festen Beschaffenheit chemische Vorgänge im Innern der Masse stattfinden können wie in einer nicht im Gleichgewichte befindlichen Flüssigkeit.

Während sich Gase, Flüssigkeiten oder amorphe feste Stoffe gegen einwirkende Kräfte nach allen Richtungen hin gleichartig verhalten, zeigen die Kristalle nach verschiedenen Richtungen eine Verschiedenheit in ihrem Verhalten gegenüber einwirkenden Kräften; die geometrisch-symmetrischen Teile verhalten sich auch physikalisch symmetrisch.

Wir haben demgemäß streng genommen zwischen zwei verschiedenen Formen der Substanz zu unterscheiden, dem flüssigen Aggregatzustande, dem sich die gasförmigen, die tropfbarflüssigen und die amorphen Substanzen unterordnen, und dem Zustande der kristallisierten Stoffe.

Der typisch flüssige und der typisch gasförmige Aggregatzustand zeigen nur insofern einen Unterschied, als der gasförmige Zustand die Stoffe in größerer Verdünnung enthält, in welchen die Substanzen gegen Druck- und Temperaturänderungen wesentlich empfindlicher sind als im dichten flüssigen Zustande.

Ein gegebener Körper behält die Formart, die er zur Zeit besitzt, nicht unter allen Umständen bei. Insbesondere ist es die Temperatur, von deren Höhe die Formart abhängt. Es gilt das allgemeine Gesetz, daß bei steigender Temperatur ein fester Stoff flüssig oder gasförmig und ein flüssiger gasförmig werden kann, nie aber umgekehrt. Die Erniedrigung der Temperatur läßt vielmehr aus Gasen Flüssigkeiten oder feste Körper entstehen, aus Flüssigkeiten feste Stoffe.

Chemie, chemische Erscheinungen.

Die Chemie ist die Wissenschaft von der stofflichen Zusammensetzung der Körper; sie lehrt, wie diese Stoffe zerlegt und wie sie zusammengesetzt werden; sie beschäftigt sich mit der Erforschung des Gesetzmäßigen bei jenen Erscheinungen, bei welchen gewisse Stoffe verschwinden und andere mit anderen Eigenschaften entstehen.

Zu den chemischen Umwandlungen gehören:

1. Die Zerlegung der Körper durch Hitze und durch den galvanischen Strom. So z. B. zerfällt Quecksilberoxyd beim Erhitzen in Quecksilber und Sauerstoff. Wasser zerfällt durch den elektrischen Strom in Wasserstoff und Sauerstoff, Chlorwasserstoff in Chlor und Wasserstoff, Ammoniak in Stickstoff und Wasserstoff.

Chemische Erscheinungen dieser Art heißen Zersetzungsreaktionen.

2. Addition. Die durch die chemische Zerlegung eines gleichartigen Stoffes erhaltenen, untereinander ungleichartigen Bestandteile können sich wieder zu einem gleichartigen Stoffe vereinigen:

Magnesium verbindet sich mit Sauerstoff zu Magnesiumoxyd, Zink und Sauerstoff gibt weißes Zinkoxyd (Zinkweiß); Quecksilber, mit Schwefel erhitzt, gibt Quecksilbersulfid (Zinnober); streut man gepulvertes Natrium in einen mit Chlor gefüllten Zylinder, so entsteht Natriumchlorid oder Kochsalz.

Bei diesen Reaktionen entsteht aus einer gegebenen Anzahl von Stoffen eine geringere Zahl. Diese Art der Reaktion heißt Vereinigung oder Addition.

Körper, welche bei gleichartigem äußeren Aussehen aus verschiedenen Arten von Stoffen zusammengesetzt sind, heißen chemische Verbindungen. Kochsalz besteht aus Chlor und Natrium, Zinnober aus Quecksilber und Schwefel.

Die uns unbekannte Ursache der Bildung und des Bestehens chemischer Verbindungen bezeichnet man mit dem Worte chemische Verwandtschaft oder chemische Affinität (lat. affínis, verwandt).

Der Aufbau einer chemischen Verbindung aus ihren Bestandteilen wird die Synthese (gr. sýnthesis, Zusammensetzung) dieser Verbindung genannt.

3. Substitution. Beim Erhitzen von Kohle mit Bleioxyd wird unter Ausscheidung von Blei Kohlenoxyd gebildet, und man sagt in diesem Falle, daß dieser Prozeß deshalb so verlaufe, weil die Kohle zum Sauerstoff in der Hitze eine größere Affinität besitze als das Blei. Die Kohle tritt in diesem Falle an die Stelle des Bleies, das Blei wird durch die Kohle substituiert. Leitet man Chlorwasserstoff über erhitztes Natrium, so tritt dieses an die Stelle des Wasserstoffes und es entsteht Natriumchlorid und Wasserstoff. Erhitzt man Magnesium im Wasserdampf, so verbindet sich das Magnesium unter Licht- und Wärmeerscheinung mit dem Sauerstoffe des Wassers und Wasserstoff wird ausgeschieden. Der verschiedene Grad der chemischen Affinität der Stoffe äußert sich also dann, wenn auf eine chemische Verbindung ein Stoff einwirkt, welcher zu einem der Bestandteile der Verbindung eine größere Affinität besitzt, als die verbundenen Bestandteile untereinander besitzen. In diesem Falle vereinigen sich diese beiden Stoffe miteinander und der andere Bestandteil der Verbindung wird ausgeschieden.

Diese Art der chemischen Umwandlung wird Ersetzungsreaktion oder Substitution genannt.

Wir können also chemische Verbindungen zersetzen durch Wärme, durch den galvanischen Strom und durch die oben beschriebenen chemischen Umsetzungen. Stoffe, welche durch keines dieser Mittel zerlegt werden können, nennt man Elemente oder Grundstoffe.

4. Wechselzersetzungen. Leitet man Schwefelwasserstoff über erhitztes Bleioxyd, so entsteht Bleisulfid und Wasser; Kalziumoxyd und Chlorwasserstoff geben Kalziumchlorid und Wasser; bei der Einwirkung von Chlorwasserstoff auf Eisensulfid bildet sich Eisenchlorür und Schwefelwasserstoff; Natriumchlorid und salpetersaures Silber geben Silberchlorid und salpetersaures Natrium.

Diese zwischen zwei chemischen Verbindungen sich vollziehenden Reaktionen, bei welchen das Metall der einen Verbindung mit dem

Wasserstoff oder dem Metall der anderen Verbindung den Platz wechselt, werden Wechselzersetzungen genannt.

Die Stoffänderungen durch Wechselzersetzung und Substitution faßt man als Metathesen zusammen.

5. Allotropie. Erwärmt man den gelben, leicht entzündlichen und in Schwefelkohlenstoff löslichen Phosphor durch längere Zeit in einem sauerstoffreien Raum auf 270°, so verwandelt er sich in einen roten, schwer entzündlichen, nicht giftigen, in Schwefelkohlenstoff unlöslichen festen Körper, in den roten Phosphor. Die Erscheinung, daß ein festes Element in verschiedenen, sowohl in ihren physikalischen als auch in ihren chemischen Eigenschaften voneinander abweichenden festen Formen auftritt, nennt man Allotropie (gr. allotrópos, anders beschaffen, andere Form).

Wie es eine bestimmte Temperatur gibt, bei welcher ein Stoff schmilzt, so gibt es eine bestimmte Temperatur, bei welcher eine feste Form eines Stoffes in eine andere feste Form übergeht.

Quecksilberjodid ist bei gewöhnlicher Temperatur scharlachrot und behält beim Erwärmen seine Farbe bis zu einer Temperatur von 126°. Über diese Temperatur erhitzt, verschwindet die rote Farbe und der Stoff wird schwefelgelb. Gleichzeitig ändert sich seine Kristallform, seine Dichte, Härte usw. Beim Abkühlen auf die gewöhnliche Temperatur verwandelt sich wieder der gelbe feste Stoff in den roten und alle diesem zukommenden Eigenschaften treten wieder auf.

Bei der Temperatur, bei welcher die allotrope Umwandlung einer festen Form in die andere erfolgt, können beide Formen nebeneinander bestehen, während unterhalb und oberhalb dieser Umwandlungstemperatur nur die eine oder die andere Form beständig ist.

Der in der Natur vorkommende kristallisierte Schwefel sowie der aus einer Lösung in Schwefelkohlenstoff auskristallisierende bildet gelbe, rhombische Oktaeder. Wenn man geschmolzenen Schwefel langsam abkühlen läßt, so erstarrt er bei 120° und bildet monokline Nadeln von hellbrauner Farbe. Nach einiger Zeit zerfallen diese Nadeln in kleine rhombische Oktaeder. Rhombischer Schwefel schmilzt bei 115°, monokliner bei 120°. Bei 95,6°, der Umwandlungstemperatur, sind beide, rhombischer und monokliner Schwefel, stabil und können, jeder für sich oder miteinander im beliebigen Verhältnis gemischt, existieren. Unter dieser Temperatur geht die monokline Form allmählich in die rhombische Form über; über ihr verwandelt sich die rhombische Form allmählich in die monokline.

Bei der Umwandlung einer Form eines Stoffes in die andere entsteht erfahrungsgemäß nicht die Form, die unter den neuen Umständen die beständigste ist, sondern es entstehen zunächst solche Formen, die am wenigsten beständig sind (metastabile Formen). Beim Sublimieren von Quecksilberjodid im leeren Raume, tritt zuerst die gelbe Form auf, obwohl die rote Form die beständigere ist. Ebenso geht der Phosphor aus der Dampfform bei der Verdichtung stets zuerst in die metastabile oder unbeständige Form des gelben Phosphors über.

Zinn kommt in zwei Allotropien vor, als weißes und graues Zinn. Die Umwandlungstemperatur ist 20°. Oberhalb 20° ist das weiße Zinn, unterhalb 20° das graue Zinn stabil. Das weiße Zinn ist unterhalb 20° metastabil. Ist die Unterkühlung sehr stark (—30°) oder dauert sie sehr lange, so tritt die Umwandlung des weißen in das graue Zinn von selbst ein. Erhitzt man die graue, pulverige Modifikation über 20°, so wird sie in gewöhnliches metallisches Zinn zurückverwandelt. Läßt man das graue pulverförmige Zinn bei gewöhnlicher Temperatur in Berührung mit metallischem Zinn, so wird das Metall langsam in die allotrope graue Modifikation verwandelt. Auf diese Weise können Gegenstände aus Zinn in Pulver zerfallen.

Gesetze der chemischen Umwandlungen.

Häufig und regelmäßig wiederholte gleichartige Erfahrungen formuliert man in einer Regel; wenn eine Regel eine große Menge von Erfahrungstatsachen umfaßt, für alle gleichartigen giltig und durch Zahlen ausdrückbar ist, so nennt man sie Naturgesetz. „Ein Naturgesetz besagt, daß erfahrungsgemäß zwischen gewissen verschiedenen Erfahrungen ein gewisser Zusammenhang besteht; im Begriffe des Naturgesetzes ist daher weder eine unbedingte Notwendigkeit noch ein Zwang enthalten" (W. Ostwald, Prinzipien der Chemie).

Die chemischen Umwandlungen vollziehen sich nach folgenden Gesetzen:

Das Gesetz von der Erhaltung des Gewichtes (Lavoisier 1789).

1 Gewichtsteil (z. B. g) Wasserstoff und 35,4 Gewichtsteile (g) Chlor geben 36,4 Gewichtsteile (g) Chlorwasserstoff; 216 Gewichtsteile Quecksilberoxyd geben 200 Gewichtsteile Quecksilber und 16 Gewichtsteile Sauerstoff. Das Gewicht einer Verbindung ist also gleich der Summe des Gewichts seiner Bestandteile, und die Summe der Zersetzungsprodukte eines Stoffes ist dem Gewichte nach stets gleich dem Gewichte der ursprünglichen Verbindung.

Gewicht. Man unterscheidet das absolute Gewicht und das relative Gewicht oder die Gewichtsmenge. Ersteres wird durch die Kraft gemessen, die ein Körper auf seine Unterlage ausübt oder mit der er zu fallen bestrebt ist und ist mit dem Orte veränderlich, indem es mit der Annäherung an den Äquator und mit der Erhebung über die Oberfläche der Erde kleiner wird. Wenn zwei untereinander verschiedene Körper an irgendeinem Orte gleiches Gewicht haben, so weisen sie es auch an jedem anderen Orte auf. Die Verschiedenheit des absoluten Gewichtes trifft alle Körper in gleichem Verhältnisse.

Das relative Gewicht gibt an, wievielmal das absolute Gewicht des Körpers größer oder kleiner ist als die ein für allemal ausgewählte Gewichtseinheit. Da die Gewichtseinheit ihr absolutes Gewicht in demselben Verhältnis mit dem Orte ändert wie jeder andere Körper, so ist das relative Gewicht oder die Gewichtsmenge unabhängig von dem Orte und für jeden bestimmten Körper eine bestimmte Zahl. Als Gewichtseinheit dient ein Gramm, das ist das relative Gewicht von 1 cm^3 Wasser bei 4^0. Unter dem „Gewichte" versteht man gewöhnlich das relative Gewicht.

Für das Gewicht besteht das Naturgesetz, daß es durch keinerlei Vorgänge geändert wird, die mit einem gegebenen Körper vorgenommen werden können. Insbesondere haben auch chemische Vorgänge keinen Einfluß auf das Gewicht. Man bezeichnet dies Naturgesetz als das Gesetz von der Erhaltung des Gewichtes.

Das Gesetz der konstanten Proportionen (Proust 1800).

1 Gewichtsteil Wasserstoff vereinigt sich immer mit 35,4 Gewichtsteilen Chlor und im Chlorwasserstoff findet man immer auf 1 Gewichtsteil Wasserstoff 35,4 Gewichtsteile Chlor. Ebenso enthält das Quecksilberoxyd immer 92,59 % Quecksilber und 7,41 % Sauerstoff.

So oft sich demnach zwei oder mehrere Körper zu einem und demselben Stoff chemisch miteinander vereinigen, geschieht dies in demselben, unveränderlichen Gewichtsverhältnisse. Der allgemeine Ausdruck für diese Erfahrungstatsachen heißt das Gesetz der konstanten Proportionen oder der bestimmten Gewichtsverhältnisse.

Das Gesetz der Verhältniszahlen (Berzelius 1810), Verbindungsgewichte.

Wie oben angeführt wurde, vereinigen sich die Stoffe stets nach denselben Gewichtsverhältnissen miteinander, und in jeder chemischen Verbindung sind die Gewichtsverhältnisse der in ihr enthaltenen Bestandteile unabänderlich dieselben.

Durch Elektrolyse der Salzsäure erhält man gleiche Raumteile Wasserstoff und Chlor. Wasser zerfällt durch Elektrolyse in 2 Raumteile Wasserstoff und in 1 Raumteil Sauerstoff, Ammoniak in 3 Raumteile Wasserstoff und in 1 Raumteil Stickstoff.

Da nun 1 Raumteil Chlor unter gleichem Druck und bei gleicher Temperatur 35,4 mal, 1 Raumteil Sauerstoff 16mal und 1 Raumteil Stickstoff 14mal schwerer ist als ein gleich großer Raumteil Wasserstoff, so sind im Chlorwasserstoff mit 1 Gewichtsteil Wasserstoff 35,4 Gewichtsteile Chlor, im Wasser mit 1 Gewichtsteil Wasserstoff 8 Gewichtsteile Sauerstoff und im Ammoniak mit 1 Gewichtsteil Wasserstoff $4^2/_3$ Gewichtsteile Stickstoff verbunden.

Mit 35,4 Gewichtsteilen Chlor (diejenige Gewichtsmenge, welche sich mit 1 Gewichtsteil Wasserstoff verbindet) vereinigen sich

23	Gewichtsteile	Natrium,
39	,,	Kalium,
108	,,	Silber.

Mit 23 Gewichtsteilen Natrium verbinden sich

80	Gewichtsteile	Brom,
127	,,	Jod;

und mit 80 Gewichtsteilen Brom oder mit 127 Gewichtsteilen Jod verbinden sich

23	Gewichtsteile	Natrium,
39	,,	Kalium und
108	,,	Silber.

8 Gewichtsteile Sauerstoff (diejenige Menge, welche sich mit 1 Gewichtsteil Wasserstoff verbindet) verbinden sich mit

20	Gewichtsteilen	Kalzium,
100	,,	Quecksilber,
12	,,	Magnesium,
103,5	,,	Blei,
32,5	,,	Zink
6	,,	Kohlenstoff,
31,5	,,	Kupfer,
23	,,	Natrium,
39	,,	Kalium.

Mit 100 Gewichtsteilen Quecksilber verbinden sich

16 Gewichtsteile Schwefel,

und mit dieser Gewichtsmenge Schwefel verbinden sich dieselben Gewichtsmengen der Metalle, welche sich mit 8 Gewichtsteilen Sauerstoff vereinigen.

Mit 16 Gewichtsmengen Schwefel verbinden sich ferner auch 28 Gewichtsteile Eisen.

Die Metalle verdrängen durch Substitution Wasserstoff bei ihrer Einwirkung auf Säuren. Diejenigen Gewichtsmengen der Metalle, welche sich mit 35,4 Gewichtsteilen Chlor oder mit 8 Gewichtsteilen Sauerstoff verbinden, verdrängen 1 Gewichtsteil Wasserstoff.

Bei der Einwirkung von Eisen oder Zink auf Kupfersulfat (Kupfervitriol) entsteht Eisen- oder Zinksulfat unter Ausscheidung von Kupfer, und zwar verdrängen 28 Gewichtsteile Eisen oder 32,5 Gewichtsteile Zink 31,5 Gewichtsteile Kupfer.

Kennt man also für eine Reihe von Elementen die Gewichtsverhältnisse, in welchen sie sich mit einem und demselben anderen Stoffe verbinden, so stellen diese Verhältniszahlen auch diejenigen Mengen dar, in welchen sie sich untereinander vereinigen oder in Verbindungen sich gegenseitig vertreten.

Die Verhältniszahlen, nach welchen sich die Stoffe verbinden, werden Verbindungsgewichte genannt; sie bezeichnen jene Gewichtsmengen der Elemente, welche sich mit einem Gewichtsteile Wasserstoff oder mit derjenigen Gewichtsmenge eines anderen Elementes (z. B. 8 Gewichtsteile Sauerstoff) verbinden, die sich mit 1 Gewichtsteil Wasserstoff vereinigen.

Übersicht der Verbindungsgewichte.

1 G.-T. Wasserstoff	35,4 G.-T. Chlor	23	G.-T.	Natrium	80 G.-T. Brom
		39	,,	Kalium	127 ,, Jod
		108	,,	Silber	
	8 G.-T. Sauerstoff	20	,,	Kalzium	16 G.-T. Schwefel { 28 G.-T. Eisen
		100	,,	Quecksilber	
		12	,,	Magnesium	
		103,5	,,	Blei	
	16 G.-T. Schwefel	32,5	,,	Zink	
		31,5	,,	Kupfer	
		6	,,	Kohlenstoff	
		23	,,	Natrium	
		39	,,	Kalium.	

Die Verbindungsgewichte der Elemente geben also die Gewichtsverhältnisse an, nach denen die Elemente sich zu chemischen Verbindungen vereinigen und damit auch die Verhältnisse, nach denen sie in diesen Verbindungen enthalten sind: sie sind für die betreffenden Elemente charakteristisch und eine unveränderliche Eigenschaft derselben.

Zur kurzen Bezeichnung der Elemente wählte Berzelius die Anfangsbuchstaben ihrer lateinischen oder griechischen Namen. Diese chemischen Zeichen oder Formeln drückten zugleich ihr Verbindungsgewicht aus. Wir werden in der Folge sehen, welche erweiterte Bedeutung diese chemischen Symbole durch die atomistische Theorie erlangt haben.

Das Gesetz der vielfachen Verhältnisse oder der multiplen Proportionen (Dalton 1808).

Ein scheinbarer Widerspruch gegen das Gesetz der festen Proportionen liegt in der Tatsache, daß sich die Elemente häufig in mehr als einem Verhältnisse miteinander vereinigen können.

So verbindet sich der Kohlenstoff mit Sauerstoff nach zwei Verhältnissen und es entsteht, je nach der Menge des aufgenommenen Sauerstoffes, das brennbare, giftige Kohlenoxyd und das nicht brennbare, nicht giftige Kohlendioxyd. Im Kohlenoxyd sind, wie die Analyse ergibt, mit 8 Gewichtsteilen Sauerstoff (einem Verbindungsgewichte) 6 Gewichtsteile Kohlenstoff, im Kohlendioxyd aber mit derselben Gewichtsmenge Kohlenstoff 16 Gewichtsteile (2×8) Sauerstoff verbunden. Die Gewichtsmengen von Sauerstoff, welche hier mit ein und derselben Menge von Kohlenstoff verbunden sind, stehen unter sich im Verhältnisse von 1 : 2.

Man kennt ferner eine ganze Reihe von Verbindungen des Stickstoffs mit Sauerstoff, in welchen auf 1 Gewichtsteil Stickstoff: 0,5714, 1,1428, 1,7142, 2,2856, 2,8570 Gewichtsteile Sauerstoff enthalten sind. Diese Quantitäten Sauerstoff stehen untereinander im Verhältnis wie die ganzen Zahlen 1 : 2 : 3 : 4 : 5.

Wenn sich also Elemente in mehr als einem Verhältnisse miteinander verbinden, so vervielfacht sich bei gleichbleibender Menge des einen Elementes die Menge des anderen Elementes nach einfachen Zahlen.

Atome und Molekeln.

Die Tatsache, daß sich die Elemente nicht in beliebigen Verhältnissen miteinander verbinden, sondern nur in bestimmten Gewichtsbeträgen und Vielfachen derselben, findet durch die atomistische Theorie ihre Begründung.

Nach der atomistischen Anschauung bestehen die Elemente aus äußerst kleinen Teilchen, Atomen [gr. a (entsprechend der Silbe un); témno, ich schneide, also átomos unteilbar], die weder mechanisch noch chemisch teilbar sind. Die Atome der verschiedenen Elemente besitzen verschiedenes Gewicht, alle Atome aber eines Elementes haben dasselbe absolute Gewicht und sind untereinander stofflich gleich.

Durch Aneinanderlagerung ungleichartiger Atome entstehen die kleinsten Teilchen der zusammengesetzten Körper, welche Molekeln (lat. molékula, kleine Masse) genannt werden. Eine solche Molekel besteht also aus wenigstens zwei stofflich verschiedenen Atomen, die nicht mechanisch, wohl aber chemisch voneinander trennbar sind. Die Molekeln einer und derselben Verbindung sind der Theorie nach ebenfalls alle untereinander stofflich gleich.

Wir wollen nun annehmen, daß bei der chemischen Vereinigung zweier Elemente die eigentliche Reaktion zwischen den Atomen derselben stattfindet, und zwar in der Weise, daß sich je ein Atom des einen Elementes mit je einem Atom des anderen verbindet, und so durch die ganze Masse hindurch. Die so entstehende Verbindung besteht also aus kleinsten Teilchen, Molekeln, welche aus einem Atom des einen und einem Atom des anderen Elementes zusammengesetzt sind. Wären in der Masse des einen Elementes ebenso viele Atome enthalten, als in der des anderen, so würden sich beide gegenseitig völlig verbinden und es bliebe von keiner ein Rest unverbunden zurück. Wären aber von dem einen Element mehr Atome zugegen als von dem anderen, so würde von demjenigen Elemente, das in einer größeren Anzahl von Atomen zugegen war, nach beendigter Einwirkung noch ein Rest unverbunden übrig bleiben.

Wir wollen ferner annehmen, daß die Gewichte der Atome dieser Elemente sich verhalten wie 1 :35,4. Verbinden sich nun diese beiden Elemente beim Zusammenbringen in dem eben angegebenen Verhältnis von einem Atom des einen auf ein Atom des anderen, so wird die entstehende Verbindung diese Elemente in dem Verhältnis von 1 Gewichtsteil des einen auf 35,4 Gewichtsteile des anderen enthalten. Aus dieser Annahme, daß die Stoffe aus Atomen bestehen und die chemische Einwirkung zwischen diesen Atomen stattfindet, erklärt sich also das Gesetz der konstanten Proportionen.

Die Elemente können sich ferner nicht nur zu je 1 Atom, sondern auch in verschiedenen Mengen derselben vereinigen. Nehmen wir z. B. an, daß sich 100 Atome Kohlenstoff mit 100 Atomen Sauerstoff im Verhältnis von 1 Atom des einen Elementes zu 1 Atom des anderen verbinden, so werden 100 Molekeln Kohlenoxyd entstehen und jede Molekel wird 1 Atom Kohlenstoff und 1 Atom Sauerstoff enthalten. Verhalten sich nun die Atome des Kohlenstoffes zu den Atomen des Sauerstoffes dem Gewichte nach wie 12 :16, so müssen im Kohlenoxyd mit 12 Gewichtsteilen Kohlenstoff 16 Gewichtsteile Sauerstoff verbunden sein. Wenn aber die nämlichen Elemente sich auch im Verhältnis von 1 Atom Kohlenstoff auf 2 Atome Sauerstoff verbinden, wenn also z. B. 100 Atome Kohlenstoff auf 200 Atome Sauerstoff so einwirken, daß je 1 Atom Kohlenstoff sich mit je 2 Atomen Sauerstoff vereinigt, so wird die so entstehende Verbindung aus 100 Molekeln bestehen, deren jede aus 1 Atom Kohlenstoff und 2 Atomen Sauerstoff zusammengesetzt ist. Die so entstehende Verbindung wird nun auf 12 Gewichtsteile Kohlenstoff 32 Gewichtsteile (2×16) Sauerstoff enthalten. Die mit der gleichen Menge von Kohlenstoff verbundenen Mengen von Sauerstoff stehen also dann untereinander in dem rationalen Verhältnis wie 1 : 2. Es erklärt sich hieraus das Gesetz der multiplen Proportionen.

Atom- und Molekulargewicht.

Nach der Atomtheorie besteht eine chemische Verbindung aus untereinander gleichen kleinsten Massenteilchen, aus Molekeln. Eine Molekel ist also dem Gewichte nach gerade so zusammengesetzt wie alle Molekeln. Enthält also Chlorwasserstoff auf 1 Gewichtsteil Wasserstoff 35,4 Gewichtsteile Chlor, so verhält sich auch in einer Molekel Chlorwasserstoff das Gewicht des Wasserstoffs zu dem des Chlors wie 1 :35,4.

Ist nun eine Molekel Chlorwasserstoff aus 1 Atom Wasserstoff und 1 Atom Chlor zusammengesetzt, so muß 1 Atom Chlor 35,4mal schwerer sein wie 1 Atom Wasserstoff; das Gewicht eines Atoms Wasserstoff verhält sich also dann zu demjenigen eines Atoms Chlor wie 1 :35,4. Da der Wasserstoff in relativ kleinerer Menge in Verbindungen eintritt als jedes andere bekannte Element, so hat man sein Atomgewicht als Einheit angenommen und alle übrigen darauf bezogen. Wenn wir sagen, das Atomgewicht des Chlors ist 35,4, so drücken wir damit aus, daß 1 Atom Chlor 35,4mal schwerer ist als 1 Wasserstoffatom.

Eine Molekel Chlorwasserstoff enthält nach der Annahme:

1 Atom Wasserstoff	=	1 Gewichtsteil
1 Atom Chlor	=	35,4 ,,
zusammen	=	36,4 Gewichtsteile

36,4 ist das Molekulargewicht des Chlorwasserstoffes; dasselbe ist die Summe der Gewichte der in der Molekel der Verbindung enthaltenen Atome und drückt aus, daß eine Molekel Chlorwasserstoff 36,4mal schwerer ist als 1 Atom Wasserstoff.

Die eben ausgeführte Ermittelung des Atomgewichtes des Chlors und des Molekulargewichtes des Chlorwasserstoffes ergibt sich aus den analytischen Daten und aus der Annahme, daß die Molekel Chlorwasserstoff aus 1 Atom Wasserstoff und 1 Atom Chlor zusammengesetzt ist. Wir hätten jedoch auch annehmen können, daß die Molekel Chlorwasserstoff 2 Atome Wasserstoff und 1 Atom Chlor enthält. In diesem Falle ist 1 Atom Chlor 35,4mal schwerer als 2 Atome, also 70,8mal schwerer als 1 Atom Wasserstoff und das Molekulargewicht des Chlorwasserstoffes wäre sodann nicht 36,4, sondern 72,8 (70,8 + 2). Wenn wir dagegen in der Molekel Chlorwasserstoff 1 Atom Wasserstoff mit 2 Atomen Chlor verbunden annehmen, so berechnet sich das Atomgewicht des Chlors zu 17,7.

Wäre jedoch bekannt, daß das Molekulargewicht des Chlorwasserstoffs = 36,4 beträgt und zugleich bestimmt, daß in der Molekel keiner Chlorverbindung weniger als 35,4 Gewichtsteile Chlor, sondern nur diese Menge oder ein Vielfaches davon enthalten ist, so müßte das Atomgewicht des Chlors = 35,4 sein.

Noch ein Beispiel soll zeigen, welche Faktoren bei der Feststellung der Atomgewichte maßgebend sind: Wir wissen, daß das Wasser aus 11,11% Wasserstoff und 88,89% Sauerstoff besteht, daß es also auf 1 Gewichtsteil Wasserstoff 8 Gewichtsteile Sauerstoff enthält. Da nun eine Molekel dieselbe Zusammensetzung hat wie alle, so enthält auch eine Molekel Wasser auf 1 Gewichtsteil Wasserstoff 8 Gewichtsteile Sauerstoff. Besteht nun die Molekel des Wassers aus 1 Atom Wasserstoff und 1 Atom Sauerstoff, so würde das Atomgewicht des Sauerstoffes = 8 sein, und das Molekulargewicht des Wassers wäre dann 9. Sind dagegen in jeder Molekel des Wassers 2 Atome Wasserstoff mit 1 Atom Sauerstoff verbunden, so ist sodann 1 Atom Sauerstoff 8mal so schwer als 2 Atome Wasserstoff, d. h. das Atomgewicht des Sauerstoffes ist sodann 16 und das Molekulargewicht des Wassers wäre 16 + 2 = 18.

Weiß man aber, daß das Molekulargewicht des Wassers = 18 ist und ist ferner bekannt, daß in der Molekel keiner Sauerstoffverbindung weniger als 16 Gewichtsteile Sauerstoff enthalten sind, so muß 16 das Atomgewicht des Sauerstoffes sein. Wäre jedoch das Molekulargewicht des Wassers = 9 gefunden und zugleich bestimmt worden, daß die geringste in der Molekel einer Sauerstoffverbindung vorkommende Menge Sauerstoff 8 Gewichtsteile beträgt, so wäre das Atomgewicht des Sauerstoffes = 8.

Für die Ermittelung der Atomgewichte ist daher die Bestimmung des Molekulargewichtes von fundamentaler Bedeutung.

In folgendem sollen die Grundlagen zum Verständnis der Bestimmung der Molekulargewichte entwickelt werden.

Das gleichartige Verhalten aller gasförmigen Substanzen gegen

Druck (Gesetz von Boyle und Mariotte) ihre gleiche Ausdehnung durch Wärme (Gesetz von Charles und Dalton, gewöhnlich Gesetz von Gay-Lussac genannt), findet durch die Hypothese von Avogadro, daß in gleichen Räumen aller Gase bei gleichem Druck und gleicher Temperatur eine gleich große Anzahl von Molekeln enthalten sind, eine einfache Erklärung. Es ist einleuchtend, daß eine gleiche Anzahl Teilchen verschiedener Gase, in gleiche Räume eingeschlossen, eine gleiche Druckänderung erfahren, wenn der Raum um einen gleichen Bruchteil vergrößert oder verkleinert oder die Temperatur um eine gleiche Größe verändert wird.

Gay-Lussac zeigte durch Versuche, daß sich gasförmige Substanzen nicht nur nach unveränderlichen relativen Gewichtsmengen, sondern auch nach bestimmten einfachen Volumverhältnissen miteinander verbinden. So vereinigt sich 1 Raumteil Chlor mit 1 Raumteil Wasserstoff zu 2 Raumteilen Chlorwasserstoff. Enthält z. B. ein bestimmtes Volum Chlor 100 Molekeln Chlor, so enthält ein gleiches Volum Wasserstoff nach der Hypothese von Avogadro ebensoviele Molekeln Wasserstoff; durch Vereinigung eines Raumteiles Chlor und eines Raumteiles Wasserstoff erhält man 2 Raumteile Chlorwasserstoff, welche folglich 200 Molekeln Chlorwasserstoff enthalten müssen. 200 Molekeln Chlorwasserstoff enthalten aber 200 Atome Chlor und 200 Atome Wasserstoff, daher hat sich bei der Bildung von Chlorwasserstoff jede Molekel Chlor und Wasserstoff in zwei Teile gespalten, d. h. die Molekeln des Chlors und des Wasserstoffes bestehen aus je zwei Atomen.

Die Dichte der Körper in Gasform wird gefunden durch Vergleichung des Gewichtes eines bestimmten Raumteiles des betreffenden Gases oder Dampfes mit dem Gewichte eines gleichen Raumteiles Luft oder Wasserstoff bei demselben Druck und derselben Temperatur.

Die auf Wasserstoff bezogene Dichte des Chlorwasserstoffes beträgt 18,2, d. h. 1 Raumteil Chlorwasserstoff wiegt 18,2mal so viel als ein gleich großer Raumteil Wasserstoff, wenn die Wägung unter denselben Temperatur- und Druckverhältnissen vorgenommen wurde. Es wiegt also, da gleiche Räume eine gleiche Anzahl von Molekeln enthalten (Avogadro), je 1 Molekel Chlorwasserstoff 18,2mal soviel als 1 Molekel Wasserstoff. Da nun 1 Molekel Wasserstoff aus zwei Atomen besteht, so wiegt 1 Molekel Chlorwasserstoff $2 \times 18{,}2 = 36{,}4$mal soviel als 1 Atom Wasserstoff. Die Zahl, welche angibt, wie vielmal 1 Molekel eines Gases schwerer ist als 1 Atom Wasserstoff, nennt man, wie uns bekannt ist, das Molekulargewicht dieses Gases. 36,4 ist also das Molekulargewicht des Chlorwasserstoffes.

Da nun die auf Wasserstoff bezogene Dichte oder das Volumgewicht eines Gases jene Zahl bedeutet, welche angibt, wieviel mal 1 Molekel des Gases schwerer ist als zwei Atome Wasserstoff (1 Molekel), so ist das Molekulargewicht der gasförmigen Stoffe demnach gleich der doppelten auf Wasserstoff bezogenen Dichte.

Aus der auf Wasserstoff bezogenen Dichte des Chlorwasserstoffes = 18,2 berechnet sich sein Molekulargewicht zu $2 \times 18{,}2 = 36{,}4$. Im Chlorwasserstoff sind, wie uns bekannt ist, mit 1 Gewichtsteil Wasserstoff 35,4 Gewichtsteile Chlor verbunden. Da nun Chlorwasserstoff aus untereinander gleichartigen Molekeln besteht, so muß auch in jeder Molekel Chlorwasserstoff mit 1 Gewichtsteil Wasserstoff 35,4 Gewichtsteile Chlor verbunden sein. Aus dem Molekulargewichte des Chlorwasserstoffes = 36,4 [die Summe der Gewichte der in der Molekel enthaltenen Atome $(1 + 35{,}4)$] und aus der Tatsache, daß keine Molekel einer Chlorverbindung einen Bruchteil von 35,4 Gewichtsteilen Chlor enthält, sondern entweder 35,4 Gewichtsteile oder ein Vielfaches davon, ergibt sich, daß die Molekel Chlorwasserstoff aus 1 Atom Wasserstoff und aus 1 Atom Chlor besteht, welches 35,4mal so viel wiegt als 1 Atom Wasserstoff. Das Atomgewicht des Chlors ist somit 35,4, d. h. 1 Atom Chlor ist 35,4mal schwerer als 1 Atom Wasserstoff. Wie bei der Bestimmung des Verbindungsgewichtes wird auch hier das Atomgewicht des Wasserstoffes als 1 angenommen.

Formeln.

Bezeichnen wir nun die Elemente mit einem bestimmten Zeichen — man hat die von Berzelius für die Verbindungsgewichte eingeführten Symbole, also den Anfangsbuchstaben der lateinischen oder griechischen Namen der Elemente, für Wasserstoff H (von Hydrogenium[1])), für Chlor[2]) Cl gewählt — und verstehen unter diesem Zeichen nicht bloß den Grundstoff, sondern auch gleichzeitig 1 Atom mit seinem relativen Atomgewichte, so können wir die Zusammensetzung des Chlorwasserstoffes durch die Formel HCl ausdrücken. Diese chemische Formel bezeichnet 1 Molekel Chlorwasserstoff, bestehend aus 1 Atom oder 1 Gewichtsteil Wasserstoff und 1 Atom oder 35,4 Gewichtsteile Chlor und zugleich 36,4 $(1 + 35{,}4)$ Gewichtsteile Chlorwasserstoff.

H bezeichnet 1 Atom oder 1 Gewichtsteil Wasserstoff, Cl 1 Atom oder 35,4 Gewichtsteile Chlor. Die Molekel einer Verbindung wird

[1]) gr. hýdor, Wasser; gennáo, ich erzeuge; Wasserbildner.
[2]) gr. chlórós, grünlich-gelb.

also bezeichnet, indem man die Atomzeichen der Elemente, aus denen die Verbindung besteht, nebeneinander stellt.

Zur Bezeichnung mehrerer Molekeln einer Verbindung setzt man vor das Molekelzeichen die Zahl, welche die Anzahl der Molekeln anzeigt, z. B. 2HCl. Eine unten rechts neben dem Atomzeichen stehende Zahl bezeichnet die Anzahl der Atome. H_2 bezeichnet z. B. die aus zwei Atomen bestehende Wasserstoffmolekel, Cl_2 die aus zwei Atomen bestehende Chlormolekel.

Die Darstellung des Chlorwasserstoffes aus den Bestandteilen findet durch folgende chemische Gleichung ihren Ausdruck:

$$H_2 + Cl_2 = 2HCl,$$

d. h.: 1. Wasserstoff und Chlor verbinden sich zu Chlorwasserstoff.

2. 1 Raumteil Wasserstoff und 1 Raumteil Chlor verbinden sich zu 2 Raumteilen Chlorwasserstoff.

3. 2 Gewichtsteile (z. B. Gramm) Wasserstoff und 70,8 (2 × 35,4) Gewichtsteile (g) Chlor geben 72,8 Gewichtsteile (g) [HCl = 1 + 35,4, 2HCl = 2(1 + 35,4)] Chlorwasserstoff oder 1 Gewichtsteil Wasserstoff verbindet sich mit 35,4 Gewichtsteilen Chlor zu 36,4 Gewichtsteilen Chlorwasserstoff.

4. 1 Molekel Wasserstoff und 1 Molekel Chlor geben 2 Molekeln Chlorwasserstoff.

Die Zersetzung des Chlorwasserstoffes durch den elektrischen Strom läßt sich durch folgende chemische Gleichung ausdrücken:

$$2HCl = H_2 + Cl_2,$$

d. h.:

1. Chlorwasserstoff zerfällt in Wasserstoff und Chlor.

2. Hierbei bilden sich gleiche Raumteile Wasserstoff und Chlor. (Die Molekeln der verschiedenen Gase nehmen gleichen Raum ein.)

3. 2 × 36,4 = 72,8 Gewichtsteile (z. B. Gramm) Chlorwasserstoff zerfallen in zwei Gewichtsteile (g) Wasserstoff und 2 × 35,4 = 70,8 Gewichtsteile (g) Chlor oder 36,4 Gewichtsteile (g) Chlorwasserstoff zerfallen in 1 Gewichtsteil (g) Wasserstoff und 35,4 Gewichtsteile (g) Chlor.

4. Zwei Molekeln Chlorwasserstoff zerfallen in 1 Molekel Wasserstoff und in 1 Molekel Chlor. Wir wissen (S. 8), daß im Wasser mit 1 Gewichtsteil Wasserstoff 8 Gewichtsteile Sauerstoff verbunden sind. Es ist ferner bekannt, daß 1 Liter Wasserdampf von 100° 0,594 g und 1 Liter Wasserstoff bei 100° 0,066 g wiegt. 1 Liter Wasserdampf von 100° wiegt also neunmal soviel wie 1 Liter Wasserstoff von 100° (0,066 × 9 = 0,594), und das Molekulargewicht des Wassers ist demnach 18. Da nun 18 Gewichtsteile Wasser aus 2 Gewichtsteilen Wasserstoff und 16 Gewichtsteilen Sauerstoff be-

stehen und bei keiner Sauerstoffverbindung im Molekulargewichte weniger als 16 Gewichtsteile Sauerstoff gefunden wurden, so besteht die Wassermolekel somit aus 2 Atomen Wasserstoff und 1 Atom Sauerstoff, welches 16mal schwerer ist als 1 Atom Wasserstoff. Das Atomgewicht des Sauerstoffes ist daher 16. Bezeichnen wir nun 1 Atom Sauerstoff und dessen Atomgewicht mit O [von Oxygenium (gr. oxýs, sauer; gennáo, ich erzeuge; Säurebildner)], so können wir die Molekel Wasser durch die Formel H_2O ausdrücken. Diese Formel besagt:

1. Wasser besteht aus Wasserstoff und Sauerstoff.
2. Die Wassermolekel besteht aus 2 Atomen Wasserstoff und 1 Atom Sauerstoff.
3. 18 Gewichtsteile Wasser bestehen aus 2 Gewichtsteilen Wasserstoff und 16 Gewichtsteilen Sauerstoff.

2 Raumteile Wasserstoff und 1 Raumteil Sauerstoff vereinigen sich zu 2 Raumteilen Wasserdampf. Da 2 Raumteile Wasserdampf doppelt so viele Molekeln enthalten als 1 Raumteil Sauerstoff und jede Wassermolekel 1 Atom Sauerstoff enthält, also doppelt so viele Sauerstoffatome entstehen als Sauerstoffmolekeln in die Verbindung eintraten, so besteht jede Sauerstoffmolekel aus 2 Atomen. Bei der Vereinigung hat sich jede aus 2 Atomen bestehende Sauerstoffmolekel in zwei Hälften gespalten und jedes Atom Sauerstoff mit je einer Molekel Wasserstoff zu so viel Wassermolekeln verbunden, als Wasserstoffmolekeln vorhanden waren. Die Sauerstoffmolekel erhält demgemäß die Formel O_2. Die Vereinigung des Wasserstoffes mit Sauerstoff läßt sich also qualitativ und quantitativ durch folgende Gleichung ausdrücken:

$$2H_2 + O_2 = 2H_2O.$$

Die Zersetzung des Wassers durch den galvanischen Strom läßt sich durch folgende chemische Gleichung ausdrücken:

$$2H_2O = 2H_2 + O_2,$$

d. h.:

1. Wasser zerfällt in Wasserstoff und Sauerstoff.
2. 2 Raumteile Wasserdampf zerfallen in 2 Raumteile Wasserstoff und 1 Raumteil Sauerstoff (die Molekeln H_2O, H_2, O_2 bezeichnen gemäß der Hypothese von Avogadro den gleichen Raum).
3. 36 Gewichtsteile (2 × 18) Wasser geben 4 Gewichtsteile Wasserstoff und 32 Gewichtsteile Sauerstoff.
4. Je 2 Molekeln Wasser zerfallen in je 2 Molekeln Wasserstoff und in je 1 Molekel Sauerstoff.

Je nach der Zahl der Molekeln, die den Ausgangspunkt eines chemischen Vorganges bilden, unterscheidet man uni-, bi-, tri- usw.

molekulare Reaktionen. Der Vorgang $H_2O = H_2 + O$ z. B. ist eine unimolekulare Reaktion, $2H_2O = 2H_2 + O_2$ eine bimolekulare Reaktion.

Im Ammoniak sind, wie wir wissen (S. 8), mit 1 Gewichtsteil Wasserstoff $4^2/_3$ Gewichtsteile Stickstoff verbunden und jede Molekel Ammoniak muß dieselbe relative Zusammensetzung haben. Besteht nun die Ammoniakmolekel aus 1 Atom Wasserstoff und 1 Atom Stickstoff, so ist das letztere $4^2/_3$mal und die Ammoniakmolekel $5^2/_3$mal schwerer als 1 Atom Wasserstoff. Da nun die auf Wasserstoff bezogene Dichte des Ammoniaks 8,5, das Molekulargewicht des letzteren also 17 beträgt und, wie die volumetrische Elektrolyse ergibt (S. 8), 17 Gewichtsteile Ammoniak aus 3 Gewichtsteilen Wasserstoff und 14 Gewichtsteilen Stickstoff bestehen und da ferner ermittelt wurde, daß bei keiner Stickstoffverbindung im Molekulargewicht weniger als 14 Gewichtsteile Stickstoff vorkommen, so ist die Molekel Ammoniak aus 3 Atomen Wasserstoff und 1 Atom Stickstoff zusammengesetzt, welches 14mal schwerer ist als 1 Atom Wasserstoff; das Atomgewicht des Stickstoffes ist demnach 14. Wenn wir nun 1 Atom Stickstoff und dessen relatives Atomgewicht mit N (von Nitrogenium, lat. nítrum, Salpeter; salpeterbildend) bezeichnen, so ist die Formel des Ammoniaks NH_3.

Aus der Tatsache, daß 3 Raumteile Wasserstoff und 1 Raumteil Stickstoff zwei Raumteile Ammoniak, also doppelt so viel Ammoniakmolekeln geben als Stickstoffmolekeln vorhanden sind, folgt, daß die Stickstoffmolekel ebenfalls aus 2 Atomen besteht und somit durch N_2 bezeichnet werden muß.

Die Wasserstoff-, Chlor-, Sauerstoff- und Stickstoffmolekeln bestehen aus 2 Atomen.

2 Volume Quecksilberdampf und 1 Volum Chlorgas geben 2 Volume Merkurochloriddampf; enthalten die 2 Volume Quecksilberdampf 200 Molekeln, so müssen die entstandenen 2 Volume Merkurochloriddampf ebenfalls 200 Molekeln enthalten; jede Molekel Quecksilber bildet mit je 1 Atom Chlor 1 Molekel Merkurochlorid, es hat demnach bei der chemischen Vereinigung des Quecksilbers keine Spaltung der Quecksilbermolekel stattgefunden. Die Molekel des Metalls ist also nicht teilbar, sie besteht demnach nur aus 1 Atome. Wie Quecksilber verhalten sich fast alle Metalle; die Molekulargewichte der meisten Metalle sind zugleich ihre Atomgewichte.

Die Dampfdichte des Quecksilbers beträgt rund 100, woraus sich das Molekular- und Atomgewicht des Metalles zu 200 ergibt. Als Zeichen für diese aus 1 Atom bestehende Molekel Quecksilber und deren relatives Gewicht hat man die Buchstaben Hg (von Hydrargyrum) gewählt (Hg zum Unterschiede von H).

Daß die Molekel Quecksilber nur aus 1 Atom besteht, also nicht teilbar ist, ergibt auch folgender Versuch: Leitet man in ein Litergefäß voll Quecksilberdampf Chlor ein, so bildet sich Chlorquecksilber, ohne daß eine Volumsveränderung eintritt. Im Gaszustande nehmen alle Metallverbindungen denselben Raum ein wie der Dampf der in ihnen enthaltenen Metalle. Da nämlich die Molekeln der gasförmigen Metalle nicht weiter zerlegbar sind, so kann bei der chemischen Verbindung derselben die Anzahl der Molekeln und folglich auch der Raum, welchen dieselben einnehmen, nicht vermehrt werden.

Bei Ausführung von Berechnungen auf Grund chemischer Formeln und Gleichungen werden die relativen Atom- und Molekulargewichte auf die übliche Masseneinheit, auf das Gramm bezogen. Das in Grammen ausgedrückte Molekulargewicht eines Stoffes nennt man eine Gramm-Molekel, dessen Molargewicht oder ein Mol desselben; das in Grammen ausgedrückte Atomgewicht eines Stoffes wird 1 Grammatom desselben genannt. 14 g Stickstoff ($N = 14$) sind 1 Grammatom Stickstoff, 32 g Sauerstoff ($O_2 = 32$) sind 1 Gramm-Molekel oder 1 Mol Sauerstoff, 17 g Ammoniak ($NH_3 = 14 + 3$) sind 1 Gramm-Molekel oder 1 Mol Ammoniak, 96 g Sauerstoff sind $^{96}/_{32} = 3$ Mole Sauerstoff.

Wir haben im vorhergehenden das Atomgewicht der Elemente auf Wasserstoff als Einheit ($H = 1$) und das Molekulargewicht auf $H_2 = 2$ bezogen. Da sich jedoch nach genauen Bestimmungen mit 2 Gewichtsteilen Wasserstoff nicht 16, sondern 15,87 Gewichtsteile Sauerstoff verbinden, so wäre das Atomgewicht des Sauerstoffes (O) 15,87 und dessen Molekulargewicht (O_2) 31,74. Man ist jedoch übereingekommen, als Einheit für die Atomgewichte $O = 16$ und für die Molekulargewichte $O_2 = 32$ zu wählen. Da sich nun mit 16 Gewichtsteilen Sauerstoff (O) 2,016 Gewichtsteile Wasserstoff verbinden (H_2), so ist das Atomgewicht des Wasserstoffes (H) nicht 1, sondern 1,008.

Da 1 Liter Wasserstoff bei 0° und 760 mm Barometerstand 0,09 g wiegt, so werden 1,008 g oder 1 Grammatom Wasserstoff $1{,}008 : 0{,}09 = 11{,}2$ Liter erfüllen und eine Gramm-Molekel oder 1 Mol Wasserstoff, $H_2 = 2{,}016$ g, bei denselben Temperatur- und Druckverhältnissen 22,4 Liter einnehmen (Molekularvolumen).

Diesen Raum von 22,4 Liter nehmen gemäß der Hypothese von Avogadro die Mole aller anderen Grundstoffe oder Verbindungen in Gasform bei 0° und 760 mm B. ein.

Die Mole H_2, H_2O, O_2, NH_3, Hg, HCl usw. bezeichnen also jene Stoffmengen der betreffenden Substanzen, welche im gasförmigen

Zustande bei gleichen Temperatur- und Druckverhältnissen gleiche Räume erfüllen.

Vermögen wir daher eine Substanz unverändert in den gasförmigen Zustand überzuführen, so löst sich die Bestimmung ihres Molekulargewichtes in eine Bestimmung des Gewichtes der Dampfmenge auf, welche bei 0° und 760 mm Druck 22,4 Liter erfüllt oder in eine Ermittelung des in Milligrammen ausgedrückten Gewichtes einer Gasmenge der Substanz, welche bei 0° und 760 mm Druck einen Raum von 22,4 cm^3 einnimmt.

Wird das Molargewicht eines unzersetzt vergasbaren Stoffes (in Gasform bei 0° und 760 mm Druck) mit M bezeichnet, so wird 1 g dieser Substanz $\frac{22,4}{M}$ Liter erfüllen (Grammvolum) oder 1 Liter des Dampfes wird unter den oben angegebenen Druck- und Temperaturverhältnissen das Gewicht von M/22,4 Gramm besitzen (Litergewicht).

1 Mol Sauerstoff z. B. ist gleich $O_2 = 32$ g; 22,4 Liter Sauerstoff wiegen also (bei 0° und 760 mm Druck) 32 g, und 1 Liter des Gases wiegt daher unter denselben Druck- und Temperaturverhältnissen 32/22,4 = 1,428 g.

Gemäß der Hypothese von Avogadro müssen sich die Dichten oder die spezifischen Gewichte der gasförmigen Stoffe, d. h. die Gewichte der Raumeinheit, zueinander verhalten wie ihre Molekulargewichte.

1 Liter Wasserstoff wiegt unter den Normalverhältnissen, d. h. bei 0° und 760 mm Barometerstand, 0,09 g und 1 Liter Sauerstoff wiegt unter denselben Temperatur- und Druckverhältnissen 1,428 g. Aus diesen Daten können wir also das auf das Molekulargewicht des Sauerstoffs = 32 bezogene Molekulargewicht des Wasserstoffs berechnen, weil sich die Dichte oder das Litergewicht des Wasserstoffs zur Dichte des Sauerstoffs verhält wie das Molekulargewicht des Wasserstoffs = x zu dem Molekulargewichte des Sauerstoffs = 32:

$$0,09 : 1,428 = x : 32$$

$$x = 2,016.$$

Setzt man das Molekulargewicht des Sauerstoffs = 32, so berechnet sich also daraus das Molekulargewicht des Wasserstoffs zu 2,016, und da die Molekeln dieser Elemente aus je zwei Atomen bestehen, so ist das Atomgewicht des Sauerstoffs = 16 und das Atomgewicht des Wasserstoffs = 1,008. Das Gewicht eines Atoms Wasserstoff verhält sich zum Gewichte eines Atoms Sauerstoff wie 1,008 : 16.

Beziehen wir jedoch das Atom- und Molekulargewicht auf

Wasserstoff = 1, so ist das Atomgewicht des Sauerstoffs 16/1,008 = 15,87 und dessen Molekulargewicht = 32/1,008 = 31,74, d. h. 1 Atom Sauerstoff ist 15,87 mal schwerer und 1 Molekel Sauerstoff 31,74 mal schwerer als 1 Atom Wasserstoff.

Ganz auf dieselbe Weise können wir aus dem Gewichte eines Liters Ammoniak das Molekulargewicht dieses gasförmigen Stoffes, bezogen auf das Molekulargewicht des Sauerstoffs = 32, berechnen. 1 Liter Ammoniak wiegt unter den Normalverhältnissen 0,76041 g. Da sich das Gewicht eines Liters Ammoniak unter gleichen Bedingungen von Druck und Temperatur zu dem Gewichte eines Liters Sauerstoff verhält wie das Molekulargewicht des Ammoniaks = x zu dem Molekulargewicht des Sauerstoffs = 32, also:

$$0{,}76041 : 1{,}428 = x : 32$$
$$x = 17{,}04,$$

so ist das auf Sauerstoff = 32 berechnete Molekulargewicht des Ammoniaks = 17,04.

1 Liter Chlor wiegt unter den Normalverhältnissen 3,166 g; das Molekulargewicht des Chlors, bezogen auf das = 32 gesetzte Molekulargewicht des Sauerstoffs, berechnet sich zu 70,94:

$$3{,}166 : 1{,}428 = x : 32$$
$$x = 70{,}94 \text{ (genau } 70{,}92).$$

Da eine Molekel Chlor aus zwei Atomen besteht, so ist das auf Sauerstoff = 16 bezogene Atomgewicht des Chlors = 35,47 (genauer 35,46).

Das Litergewicht eines Gases ist sein auf 1 cm^3 Wasser von 4^0 oder auf 1 g bezogenes spezifisches Gewicht. Das Litergewicht des Chlors ist 3,166 g besagt, daß 1 Liter Chlor unter den Normalbedingungen 3,166 mal schwerer ist als 1 g oder 1 cm^3 Wasser von 4^0. Das auf diese Einheit bezogene spezifische Gewicht des Chlors ist also 3,166, das auf dieselbe Einheit bezogene spezifische Gewicht des Sauerstoffs ist, da 1 Liter desselben 1,428 g wiegt, 1,428 usw.

Da sich nun die Molekulargewichte der Gase zueinander verhalten wie die Gewichtsmengen gleicher Räume derselben, also wie ihre auf 1 cm^3 Wasser von 4^0 bezogenen spezifischen Gewichte, so muß auch dasselbe Verhältnis zwischen den Molekulargewichten der Gase und ihren auf das Gewicht eines gleich großen Raumes irgend eines Gases bezogenen spezifischen Gewichte bestehen.

Das auf L u f t als Einheit bezogene spezifische Gewicht des Chlors ist 2,4485, d. h. 1 Liter Chlor ist unter gleichen Bedingungen von Druck und Temperatur 2,4485 mal schwerer als 1 Liter Luft; das auf dieselbe Einheit bezogene spezifische Gewicht des Sauerstoffs ist 1,1044. Da sich die spezifischen Gewichte der beiden gasförmigen Stoffe zueinander verhalten wie ihre Molekulargewichte, so kann das auf das Molekulargewicht des Sauerstoffs = 32 bezogene Molekulargewicht des Chlors (x) folgendermaßen berechnet werden:

spez. Gew. des Chlors	:	spez. Gew. des Sauerstoffs	=	Molekulargew. des Chlors	:	Molekulargew. des Sauerstoffs
2,4485	:	1,1044	=	x	:	32

$$x = \frac{2,4485 \times 32}{1.1044} = 70,94.$$

Dasselbe Molekulargewicht des Chlors berechnet sich aus den auf Wasserstoff als Einheit bezogenen spezifischen Gewichten von Chlor und Sauerstoff. Das auf Wasserstoff als Einheit bezogene spezifische Gewicht des Chlors ist 35,178, das auf dieselbe Einheit bezogene spezifische Gewicht des Sauerstoffs ist 15,867. Aus diesen Daten berechnet sich das auf das Molekulargewicht des Sauerstoffs = 32 bezogene Molekulargewicht des Chlors wieder zu 70,94:

$$35,178 : 15,867 = x : 32$$
$$x = 70,94.$$

Das auf Wasserstoff als Einheit bezogene spezifische Gewicht des Ammoniaks ist 8,447, das auf dieselbe Einheit bezogene spezifische Gewicht des Sauerstoffs ist 15,87. Aus diesen Daten berechnet sich das auf das Molekulargewicht des Sauerstoffs = 32 bezogene Molekulargewicht des Ammoniaks zu 17,032:

$$8,447 : 15,87 = x : 32$$
$$x = (8,447 \times 32) : 15,87 = 17,032.$$

Das Litergewicht eines Gases ist also das spezifische Gewicht desselben in bezug auf Wasser als Einheit. Der Ausdruck Gasdichte und Dampfdichte für spezifisches Gewicht ist daher eigentlich nur dann richtig, wenn man dieses wie bei festen und flüssigen Stoffen auf Wasser von 4° bezieht.

Gewöhnlich versteht man aber unter dem spezifischen Gewichte, Volumgewichte, der Dampfdichte oder Gasdichte die Zahl, welche angibt, wievielmal schwerer oder leichter das Volum eines Gases ist als das gleiche Volum eines als Einheit gewählten Gases, beide bei 0° und 760 mm Druck.

Da die Mole die in Grammen ausgedrückten Gewichte gleicher Räume (22,4 Liter) bezeichnen, so findet man das spezifische Gewicht eines Gases, wenn man sein Molekulargewicht durch das Molekulargewicht des Einheitsgases dividiert. So z. B. ist das auf Wasserstoff als Einheit bezogene spezifische Gewicht des Sauerstoffs 32/2,016 = 15,87.

Soll also das auf Luft als Einheit bezogene spezifische Gewicht eines Gases bestimmt werden, so muß sein Molargewicht durch das in Grammen ausgedrückte Gewicht von 22,4 Liter Luft dividiert werden.

1 Liter Luft wiegt bei 0° und 760 mm Druck 1,293 g, 22,4 Liter wiegen daher $1{,}293 \times 22{,}4 = 28{,}96$ g. Demnach ist jedes Gas, dessen Molekulargewicht größer als 28,96 ist, schwerer als Luft, z. B. CO_2, HCl, Cl_2, O_2, während jedes Gas, dessen Molekulargewicht geringer als 28,96 ist, leichter als Luft ist, z. B. H_2, NH_3.

Das auf Luft als Einheit bezogene spezifische Gewicht des Sauerstoffes ist demnach, da 22,4 Liter Sauerstoff 32 g und 22,4 Liter Luft 28,96 g wiegen, $32/28{,}96 = 1{,}1044$. Aus dieser Gleichung: Molekulargewicht/28,96 = auf Luft als Einheit bezogenes spezifisches Gewicht folgt: Molekulargewicht = auf Luft als Einheit bezogenes spezifisches Gewicht mal 28,96.

Man berechnet also das Molekulargewicht eines gasförmigen Stoffes, wenn man sein auf Luft als Einheit bezogenes spezifisches Gewicht mit 28,96 multipliziert.

So z. B. berechnet sich aus dem auf Luft als Einheit bezogenen spezifischen Gewichte des Chlorwasserstoffes = 1,259 dessen Molekulargewicht zu $1{,}259 \times 28{,}96 = 36{,}46$.

Bei der Aufstellung der Formelgleichungen ist zu berücksichtigen, daß die kleinsten aufeinander einwirkenden Stoffmengen Molekeln sind. Die Bildung des Chlorwasserstoffs aus seinen Elementen darf nach molekularer Ausdrucksweise nicht durch die Formelgleichung:

$$H + Cl = HCl$$

ausgedrückt werden, sondern, wie auf S. 16, durch die Gleichung

$$H_2 + Cl_2 = 2HCl.$$

Die Gleichung $H_2 + O = H_2O$ drückt wohl qualitativ und quantitativ die Verbindung des Wasserstoffes und Sauerstoffes zu Wasser richtig aus; da jedoch die kleinste im freien Zustande auftretende Menge Sauerstoff eine Molekel ist, so muß die Formelgleichung wie auf S. 17

$$2H_2 + O_2 = 2H_2O$$

geschrieben werden. Die Zersetzungsgleichung des Quecksilberoxydes muß geschrieben werden:

$$2HgO = 2Hg + O_2.$$

Die Molargewichte stellen solche Mengen der verschiedenen Gase dar, welche im Gaszustande unter gleichen Bedingungen von Druck und Temperatur gleiche Räume einnehmen; so sind H_2, H_2O, O_2, NH_3, HCl usw. jene Stoffmengen der betreffenden Substanzen, welche unter gleichen Druck- und Temperaturverhältnissen gleiche Räume erfüllen.

Die chemischen Gleichungen in Molarformeln lassen erkennen, in welchen Volumverhältnissen die beteiligten Stoffe in Gasform sich verbinden oder auseinander entstehen. Durch die Anwendung von Molarformeln lassen sich überhaupt die allgemeinen chemischen Verhältnisse am übersichtlichsten und konsequentesten darstellen.

Internationale Atomgewichte für 1912.

A	Argon	39,88	N	Stickstoff	14,01
Ag	Silber	107,88	Na	Natrium	23,00
Al	Aluminium	27,1	Nb	Niobium	93,5
As	Arsen	74,96	Nd	Neodymium	144,3
Au	Gold	197,2	Ne	Neon	20,2
B	Bor	11,0	Ni	Nickel	58,68
Ba	Baryum	137,37	O	Sauerstoff	16,00
Be	Beryllium	9,1	Os	Osmium	190,0
Bi	Wismut	208,0	P	Phosphor	31,04
Br	Brom	79,92	Pb	Blei	207,10
C	Kohlenstoff	12,00	Pd	Palladium	106,7
Ca	Kalzium	40,07	Pr	Prasäodymium	140,6
Cd	Kadmium	112,40	Pt	Platin	195,2
Ce	Cerium	140,25	Ra	Radium	226,4
Cl	Chlor	35,46	Rb	Rubidium	85,4
Co	Kobalt	58,97	Rh	Rhodium	102,9
Cr	Chrom	52,0	Ru	Ruthenium	101,7
Cs	Cäsium	132,80	S	Schwefel	32,07
Cu	Kupfer	63,57	Sa	Samarium	150,4
Dy	Dysprosium	162,5	Sb	Antimon	120,2
Er	Erbium	167,7	Sc	Skandium	44,1
Eu	Europium	152,0	Se	Selen	79,2
F	Fluor	19,0	Si	Silizium	28,3
Fe	Eisen	55,84	Sn	Zinn	119,0
Ga	Gallium	69,9	Sr	Strontium	87,63
Gd	Gadolinium	157,3	Ta	Tantal	181,5
Ge	Germanium	72,5	Tb	Terbium	159,2
H	Wasserstoff	1,008	Te	Tellur	127,5
He	Helium	3,99	Th	Thorium	232,4
Hg	Quecksilber	200,6	Ti	Titan	48,1
In	Indium	114,8	Tl	Thallium	204,0
Ir	Iridium	193,1	Tu	Thulium	168,5
J	Jod	126,92	U	Uran	238,5
K	Kalium	39,10	V	Vanadium	51,0
Kr	Krypton	82,92	W	Wolfram	184,0
La	Lanthan	139,0	X	Xenon	130,2
Li	Lithium	6,94	Y	Yttrium	89
Lu	Lutetium	174,0	Yb	Ytterbium (Neoytterbium)	172,0
Mg	Magnesium	24,32	Zn	Zink	65,37
Mn	Mangan	54,93	Zr	Zirkonium	90,6
Mo	Molybdän	96,0			

Die relativen Atomgewichte der Elemente stellen sinngemäß ihre relativen Verbindungsgewichte, bezogen auf Sauerstoff = 16 also auf Wasserstoff = 1,008, dar.

Die Grundlagen für die Berechnung der Atomgewichte beruhen auf internationaler Vereinbarung, wodurch ihnen die größtmögliche Unveränderlichkeit gesichert ist.

Wie aus der Tabelle ersichtlich, sind die Atom- oder Verbindungsgewichte der Elemente in den seltensten Fällen ganze Zahlen. Bei Berechnungen, welche keine große Genauigkeit beanspruchen, werden wir diese Atomgewichte in der Folge vielfach zu ganzen Zahlen abrunden.

Der chemische Wert oder die Valenz der Atome.

Die Wasserstoffverbindungen der Elemente Chlor, Jod, Brom, Sauerstoff, Schwefel, Stickstoff und Phosphor besitzen folgende Molekularformeln:

HCl H_2O H_3N

HBr H_2S H_3P

HJ

Eine Vergleichung dieser Formeln zeigt, daß die Anzahl von Wasserstoffatomen, welche 1 Atom der verschiedenen Elemente zu binden vermag, eine ungleiche sein kann. Die Atome von Chlor, Sauerstoff und Stickstoff haben dem Wasserstoff gegenüber einen verschiedenen chemischen Wert. 1 Sauerstoffatom vermag doppelt so viel Wasserstoffatome zu binden als 1 Atom Chlor, 1 Stickstoffatom dreimal so viel.

Nehmen wir bei der Bestimmung des chemischen Wertes der Elemente Wasserstoff als Einheit und definieren die Valenz (den chemischen Wert) eines Elementes als eine Zahl, welche anzeigt, mit wie viel Wasserstoffatomen 1 Atom desselben sich zu verbinden vermag, so hat Chlor die Valenz = 1, Sauerstoff die Valenz = 2 und Stickstoff die Valenz = 3. Man sagt: Chlor ist dem Wasserstoff gegenüber einwertig oder monovalent, Sauerstoff zweiwertig oder bivalent und Stickstoff dreiwertig oder trivalent.

Der chemische Wert oder die Valenz der Elemente wird durch römische Ziffern oberhalb der Symbole bezeichnet: $\overset{\mathrm{I}}{\mathrm{Cl}}$ $\overset{\mathrm{II}}{\mathrm{O}}$ $\overset{\mathrm{III}}{\mathrm{N}}$.

Sumpfgas oder Methan besitzt die Formel CH_4; folglich ist der Kohlenstoff vierwertig: $\overset{\mathrm{IV}}{\mathrm{C}}$.

Man sagt auch: Chlor besitzt eine Verwandtschafts- oder

Affinitätseinheit, Sauerstoff zwei Verwandtschafts- oder Affinitätseinheiten usw.

Die gegenseitige Bindung zweier Affinitätseinheiten bezeichnet man auch durch einen Bindestrich:

H—Cl	H—O—H	$\begin{array}{c}H\\ |\\ H—N—H\end{array}$	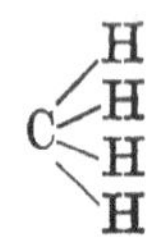
Chlorwasserstoff	Wasser	Ammoniak	Methan.

Der chemische Wert derjenigen Elemente, welche sich mit Wasserstoff allein nicht verbinden, wird aus der Zusammensetzung der Chloride (Bromide, Jodide) und der Oxyde bestimmt. Natrium, Kalium und Silber sind dem Chlor gegenüber einwertig: Na—Cl, K—Cl, Na—Cl.

Wenn diese Elemente an die Stelle des Wasserstoffes des Wassers oder der Säure treten, so geschieht das auf die Weise, daß je 1 Atom derselben die Stelle eines Atoms Wasserstoff vertritt:

$H\overbrace{OH}^{I}$	$Na\overbrace{OH}^{I}$	$K\overbrace{OH}^{I}$
Wasser	Natriumhydroxyd	Kaliumhydroxyd.

Die Gruppe OH des Wassers ist einwertig und heißt Hydroxyl; die Hydroxyde der Metalle nennt man Basen.

H—Cl	Na—Cl	K—Cl	Ag—Cl
HNO_3	$NaNO_3$	KNO_3	$AgNO_3$
Salpetersäure	Natriumnitrat	Kaliumnitrat	Silbernitrat.

Enthält die Säure zwei oder drei Wasserstoffatome in der Molekel, so werden dieselben durch zwei bzw. drei Atome der einwertigen Elemente vertreten werden:

H_2CO_3	Na_2CO_3	K_2CO_3
Kohlensäure	Natriumkarbonat	Kaliumkarbonat
H_2SO_4	Na_2SO_4	K_2SO_4
Schwefelsäure	Natriumsulfat	Kaliumsulfat
H_3PO_4	Na_3PO_4	K_3PO_4
Phosphorsäure	Natriumphosphat	Kaliumphosphat
H_4SiO_4	Na_4SiO_4	K_4SiO_4
Kieselsäure	Natriumsilikat	Kaliumsilikat.

Der zweiwertige Sauerstoff bedarf zu seiner Sättigung zweier einwertiger Atome Na—O—Na, K—O—K; ebenso verhält sich Schwefel: Na—S—Na, K—S—K.

Kalzium, Baryum, Blei, Zink, Magnesium u. a. sind zweiwertig; 1 Atom dieser Elemente vermag daher 2 Wasserstoffatome der Säuren zu substituieren:

$\begin{matrix} H—Cl \\ H—Cl \end{matrix}$	$Ba<\begin{matrix} Cl \\ Cl \end{matrix}$;	H_2SO_4	$BaSO_4$
Chlorwasserstoffsäure	Baryumchlorid	Schwefelsäure = Wasserstoffsulfat	Baryumsulfat

$\begin{matrix} H_3PO_4 \\ H_3PO_4 \end{matrix}$	$Ca_3\begin{matrix} PO_4 \\ PO_4 \end{matrix} = Ca_3(PO_4)_2$
Phosphorsäure = Wasserstoffphosphat	Kalziumphosphat.

Da die Hydroxylgruppe OH einwertig ist, so ist die Formel z. B. des Kalziumhydroxydes $Ca(OH)_2$ und die der Oxyde der obengenannten zweiwertigen Elemente: CaO, BaO, PbO, ZnO, MgO.

Aluminiumchlorid hat die Formel $AlCl_3$; Aluminium ist daher dreiwertig, und da die Hydroxylgruppe einwertig ist, so muß das Aluminiumhydroxyd die Formel $Al(OH)_3$ haben. Aluminiumsulfat besitzt die durch die Formel $Al_2(SO_4)_3$ ausgedrückte Zusammensetzung.

Durch völlige gegenseitige Vereinigung der Affinitäten entstehen die Molekeln der Elemente:

H—H	O=O	N≡N
Wasserstoff	Sauerstoff	Stickstoff.

Der chemische Wert der Elemente ist nicht konstant, sondern wechselnd; bestimmte Elementaratome zeigen für andere Elementaratome verschiedene Wertigkeitsstufen. Ein Eisenatom z. B. kann sich mit zwei oder mit drei, ein Zinnatom mit zwei oder vier Chloratomen zu Molekeln vereinigen usw.:

$FeCl_2$	$FeCl_3$	$SnCl_2$	$SnCl_4$
Ferrochlorid	Ferrichlorid	Stannochlorid	Stannichlorid

Eisen ist daher zwei- und dreiwertig, Zinn zwei- und vierwertig.

Gewisse Elemente zeigen ferner eine mit der Natur der sich verbindenden Elemente wechselnde Valenz. Infolgedessen muß, wenn die Valenz der Elemente angegeben wird, hinzugefügt werden, für welche andere Elemente sie Geltung hat. Eisen ist z. B. zwei- und dreiwertig für Chlor, aber zwei- bis vierwertig für Schwefel (FeS, FeS_2). Bezüglich der Grenzen, in welchen die Zahlenwerte der Valenz sich bewegen können, ist es wahrscheinlich, daß nur die Maximalvalenzzahl einen bestimmten Wert hat und daß neben dieser alle niedrigeren Valenzwerte auftreten können:

Mangan: $MnCl_4$ $MnCl_3$ $MnCl_2$,

$\overset{II}{MnO}$ $\overset{III}{Mn_2O_3}$ $\overset{IV}{MnO_2}$ $\overset{VI}{MnO_3}$ $\overset{VII}{Mn_2O_7}$.

Beziehungen der Atomgewichte zu den Eigenschaften der Elemente.

Die Einteilung der Elemente in Gruppen, deren Glieder in physikalisch-chemischer Beziehung übereinstimmende Merkmale zeigen, bietet gewisse Schwierigkeiten. So ist die Unterscheidung zwischen Metallen und Nichtmetallen nicht strenge durchzuführen, weil man gewisse Elemente (Sb, Bi, Sn) sowohl zu den Metallen als auch zu den Nichtmetallen rechnen kann. Noch schwieriger gestaltet sich die Gruppierung der Schwermetalle, und die Anordnung derselben ist daher keine feststehende, sondern wechselt je nach der in den Vordergrund gestellten Eigenschaft.

Lothar Meyer und Mendelejeff haben nun ein Prinzip angegeben, welches eine konsequente Einteilung aller Elemente ermöglicht. Es ist dies das System der Abhängigkeit der Elemente von ihrem Atomgewichte. Nach diesem System sind die Eigenschaften der Elemente periodische Funktionen des Atomgewichtes.

Dieses Verhalten der Elemente kommt zum Ausdruck, wenn man ihre Atomgewichte nach deren zunehmender Größe aneinanderreiht. Es zeigt sich sodann, daß die nacheinander folgenden Elemente scheinbar regellos wechselnde Eigenschaften zeigen, daß aber regelmäßig nach einer gewissen Anzahl von Elementen, also nach Ablauf einer gewissen Periode, die chemischen und physikalischen Eigenschaften der nun folgenden Elemente denen der vorausgehenden Elemente ähnlich sind und sich in derselben Reihenfolge wiederholen.

Zerlegt man daher die ganze Reihe in eine Anzahl von Abschnitten, so daß jeder Abschnitt mit einem Gliede einer bestimmten Familie anfängt, so zeigt sich auch die zweite, dritte und jede weiter folgende Stelle dieser Abschnitte jedesmal mit einander entsprechenden Elementen besetzt.

Die nebenstehende Tabelle ist so entstanden, daß die durch die Werte der Atomgewichte bestimmte Reihe der Elemente in solche Abschnitte zerlegt worden ist; diese Abschnitte sind dann untereinander gesetzt worden. Dadurch sind Vertikalreihen entstanden, in welchen die ähnlichen oder verwandten Elemente untereinander zu stehen kommen. Die Anordnung der Elemente nach diesem System heißt periodisches System oder natürliches System der Elemente.

Aus der Tabelle ist ersichtlich, daß sie nicht vollständig ist, sondern daß sich an vielen Stellen Lücken befinden. Dies kann

Anordnung der Elemente nach Gruppen und Reihen.

Gruppe	0	I	II	III	IV	V	VI	VII	VIII
Reihe 1		H 1,008							
„ 2	He 4	Li 7	Be 9	Bo 11	C 12	N 14	O 16	F 19	—
„ 3	Ne 20	Na 23	Mg 24	Al 27	Si 28	P 31	S 32	Cl 35,46	—
„ 4	Ar 40	K 39	Ca 40	Sc 44	Ti 48	V 51	Cr 52	Mn 55	Fe 55,84 Ni 58,68 Co 58,97
„ 5	—	Cu 63,6	Zn 65,4	Ga 70	Ge 72,5	As 75	Se 79	Br 79,92	—
„ 6	Kr 83	Rb 85,4	Sr 87,6	Y 89	Zr 90,6	Nb 93,5	Mo 96	—	Ru 101,7 Rh 103 Pd 106,7
„ 7	—	Ag 107,9	Cd 112,4	In 114,8	Sn 119	Sb 120	Te 127,5	J 127	—
„ 8	X 130	Cs 132,8	Ba 137,4	La 139	Ce 140	Pr 140,6	Nd 144	Eu 152	—
„ 9	—	—	—	—	—	—	—	—	—
„ 10	—	—	—	Yb 172	—	Ta 181,5	W 184	—	Os 190 Ir 193 Pt 195
„ 11	—	Au 197,2	Hg 200,6	Tl 204	Pb 207	Bi 208	—	—	—
„ 12	—	—	Ra 226,4	—	Th 232	—	U 238,5	—	—
Typen der Verbindungen: Mit Wasserstoff bzw. Halogen (X)		MX	MX_2	MX_3	MX_4	MX_3	MX_2	MX	
Mit Sauerstoff . . .		M_2O	MO	M_2O_3	MO_2	M_2O_5	MO_3	M_2O_7	

nicht anders sein, denn nichts berechtigt zu der Annahme, daß bereits alle vorhandenen Elemente entdeckt und untersucht sind.

Zu der Zeit, als um 1860 durch Newlands, L. Meyer und Mendelejeff die eben dargelegten Gesetzmäßigkeiten entdeckt wurden, fehlten viel mehr Elemente und es war möglich, nach dem Gesetze der Ähnlichkeit die Eigenschaften solcher Elemente mit ziemlich großer Annäherung vorauszusagen, deren Plätze leer waren. In solcher Weise führte namentlich Mendelejeff die Vorausbestimmung der Eigenschaften noch unbekannter Elemente durch und die nachträglich erfolgten Entdeckungen derselben bestätigten die meisten derartigen Vorausbestimmungen.

Jedem Element kommt nach dem periodischen System eine Stelle zu, welche durch die (mit einer römischen Ziffer bezeichnete) Gruppe und die (mit arabischen Ziffern angegebene) Reihe bestimmt wird. Die Elemente sind nach den Formeln der sauerstoffreichsten, beständigen Oxydationsstufen in acht Gruppen angeordnet; die erste Gruppe bildet Metalloxyde von der Formel $Me_2O(Na_2O, K_2O)$, die zweite Me_2O_2 oder $MeO(CaO, ZnO)$, die dritte $M_2O_3(Al_2O_3)$ usw. Die erste Gruppe ist also dem Sauerstoff gegenüber im Maximum einwertig, die zweite Gruppe zweiwertig usw., doch können auch niedrigere Oxydationsstufen vorkommen.

Dem Wasserstoff gegenüber verhalten sich die Elemente der Gruppen anders. Die ersten drei Gruppen verbinden sich überhaupt nur schwer oder gar nicht mit Wasserstoff, die Elemente der IV. Gruppe sind dem Wasserstoff gegenüber vierwertig, die Elemente der V. Gruppe dreiwertig, die Elemente der Gruppe VI zweiwertig, die der Gruppe VII einwertig.

Die in der Tafel übereinander stehenden Elemente bilden eine natürliche Familie oder Gruppe, deren Glieder jedoch in sehr ungleichem Grade einander ähnlich sind. Bei den meisten Gruppen findet man, daß je vier oder fünf Elemente untereinander näher verwandt sind als mit den drei übrigen, die unter sich wieder große Ähnlichkeit zeigen.

Danach zerfällt jede Gruppe, wie dies in der Anordnung der Elemente auf der Tafel ersichtlich gemacht erscheint, in eine größere Haupt- und eine kleinere Nebengruppe:

Hauptgruppe:	Li	Na	K		Rb	Cs	
Nebengruppe:				Cu	Ag	Au	
Hauptgruppe:	Be	Mg	Ca		Sr	Ba	
Nebengruppe:				Zn	Cd	Hg	
Hauptgruppe:	B	Al	Ga		In	Tl	
Nebengruppe:		Sc	Y		La	Yb	usw.

Auf diese Weise lassen sich sämtliche Elemente in Gruppen ordnen, welche nach demjenigen Element benannt sind, das den Typus der Gruppe am ausgesprochensten zeigt.

Die Eigenschaften eines Elementes lassen sich gewissermaßen aus den Eigenschaften seiner Gruppen- und Reihennachbaren ableiten. Das Selen z. B. befindet sich in einer Gruppe mit Schwefel $S = 32$ und Tellur $Te = 127{,}5$; in der 5. Reihe steht vor demselben Arsen $As = 75$ und nach ihm Brom $Br = 80$. Hieraus berechnet sich das Atomgewicht des Selens zu $^1/_4\ (32 + 127{,}5 + 75 + 80) = 78{,}6$, was in Wirklichkeit nahezu der Fall ist. Auf dieselbe Weise könnten auch andere Eigenschaften des Selens bestimmt werden, wenn sie nicht bekannt wären. Arsen bildet z. B. H_3As, Brom HBr, folglich muß das zwischen diesen beiden Elementen befindliche Selen mit Wasserstoff die Verbindung H_2Se bilden. Selbst die physikalischen Eigenschaften des Selens und seiner Verbindungen lassen sich mit großer Annäherung an die Wirklichkeit nach den Eigenschaften des S, Te, As und Br bestimmen. Auf diese Weise ist es möglich, die Eigenschaften noch nicht entdeckter Elemente vorauszusagen. So hat Mendelejeff im Jahre 1871 die Eigenschaften der fast 20 Jahre nachher entdeckten Elemente Gallium, Scandium und Germanium vorausbeschrieben, und diese von ihm als Ekaaluminium, Ekabor und Ekasilizium benannten Elemente besitzen in Wirklichkeit alle von Mendelejeff vorausgesagten Eigenschaften.

Aber eine ganze Reihe anderer Beziehungen hat man bei dieser Anordnung der Elemente nach ihren Atomgewichten aufgefunden. So sehen wir diejenigen Elemente, welche am meisten metallische Eigenschaften besitzen, wie Lithium, Natrium, Kalium, Rubidium, Cäsium, als Anfangsglieder der Perioden, während diejenigen Elemente, welche den Metallen gerade entgegengesetzt sind, wie Fluor, Chlor, Brom, Jod, die Endglieder der Perioden sind. Während die Verbindungen der Anfangsglieder mit Hydroxyl die stärksten Basen sind, sind schon die Wasserstoffverbindungen der Endglieder starke Säuren. Die Zwischenglieder einer jeden Periode aber bilden zugleich die Übergänge von dem einen Extrem ins andere. Die gesamte Reihe zerfällt dadurch in eine Anzahl von Perioden und die ganze Systematik hat daher den Namen des periodischen Gesetzes erhalten.

Ferner hat man beobachtet, daß das spezifische Gewicht der Elemente in naher Beziehung steht zum Atomgewicht. In den einzelnen Perioden findet von Glied zu Glied entweder ein regelmäßiges Ansteigen oder Sinken des spezifischen Gewichtes statt, so daß man aus den spezifischen Gewichten seiner zwei Nachbaren dasjenige irgend eines beliebigen Elementes nahezu genau berechnen kann. So ist z. B. das spezifische Gewicht des Natriums 0,97, das des Aluminiums 2,56, dasjenige des zwischen beiden stehenden Magnesiums 1,74, d. h. nahezu $\frac{0,97 + 2,56}{2}$. Das spezifische Gewicht des Kupfers ist 8,8, das des Galliums 5,96, dasjenige des zwischen beiden stehenden Zinks ist 7,15, also nahezu $\frac{8,8 + 5,96}{2}$.

Endlich hat man auch in bezug auf die mehr oder minder leichte Schmelzbarkeit und Vergasbarkeit der Elemente Regelmäßigkeiten der Elemente, welche mit den Atomgewichten derselben zusammenhängen, aufgefunden.

Systematische Übersicht der Elemente nach dem periodischen System.

Die Elemente Helium, Neon, Argon, Krypton und Xenon sind, soweit die bisherige Erfahrung reicht, nicht befähigt, Verbindungen mit anderen Elementen zu bilden, und man kann sie daher als nullwertig ansehen. Sie bilden die Gruppe der Edelgase.

1. Die Kaliumgruppe, bestehend aus den Elementen Lithium, Natrium, Kalium, Rubidium und Cäsium.

Diese Elemente werden Alkalimetalle genannt. Sie zerlegen das Wasser schon bei gewöhnlicher Temperatur unter Wasserstoffentwicklung und Bildung von in Wasser löslichen, basisch reagierenden Hydroxyden vom Typus M(OH). Diese Hydroxyde werden Alkalien genannt.

Das Lithium findet sich im Lepidolith und in vielen Mineralquellen. Lithiumkarbonat und Lithiumphosphat sind im Wasser schwer löslich (Unterschied von den übrigen Metallen dieser Gruppe).

Rubidium ist ein fast steter Begleiter des Cäsiums und findet sich wie dieses in vielen Mineralquellen und auch im Lepidolith.

1a. Die Silbergruppe: Kupfer, Silber und Gold.

2. Die Kalziumgruppe, umfassend Beryllium, Magnesium, Kalzium, Strontium und Baryum.

Das Beryllium findet sich im Beryll $(SiO_3)_6Al_2Be_3$ und im Chrysoberyll $(AlO_2)_2Be$; Smaragd ist durch Chromoxyd grün gefärbter, durchsichtiger Beryll. Die Berylliumsalze schmecken süß; daher rührt ein anderer, namentlich in Frankreich gebräuchlicher Name für das Element: Glycinium.

2a. Die Zinkgruppe mit den Elementen Zink, Kadmium und Quecksilber.

3. Die Aluminiumgruppe enthält Bor, Aluminium, Gallium, Indium und Thallium.

Das Gallium wurde mittels der Spektralanalyse in der Zinkblende von Pierrefite (Pyrenäen) entdeckt. Das Metall ist weiß und schmilzt bei 30°; es zeigt große Ähnlichkeit mit dem Aluminium.

Das Indium ist silberweiß, wie Blei sehr dehnbar. Die Indiumverbindungen färben die Flamme blau und zeigen im Spektrum eine blaue Linie.

Das Thallium findet sich im Crookesit $(AgTlCu)_2Se$; in kleiner Menge kommt es in manchen Schwefelkiesen und Kupferkiesen vor. Es färbt die Flamme sehr schön grün. In Stangen gegossenes Thallium ist kristallinisch, zinnweiß und fast so weich wie Natrium. Die Hauptquelle zur Gewinnung der Thalliumverbindungen ist der Flugstaub von Schwefelsäurefabriken, welche thalliumhaltigen Kies verarbeiten.

3a. Gruppe der selteneren Erdmetalle: Scandium, Yttrium, Lanthan und Ytterbium.

Das Yttrium findet sich im Gadolinit von Ytterbi als Silikat. Der Gadolinit enthält neben Yttrium noch die stellvertretenden Elemente Cerium, Lanthan, Didym und Thorium. Das Yttriumoxyd (Y_2O_3) strahlt schon bei verhältnismäßig niedriger Temperatur ein sehr intensives, gelblich-weißes Licht aus.

Das Lanthan, ein weißes, hämmerbares Metall, ist im Gadolinit enthalten und wird aus dem Monazit [PO_4(Ce, La, Di, Th) mit 2 bis 8% Thoriumdioxyd] dargestellt. Lanthanoxyd (La_2O_2) strahlt beim Erhitzen ein rein weißes Licht aus.

4. Die Kohlenstoffgruppe: Kohlenstoff, Silizium, Germanium, Zinn und Blei.

Das Germanium bildet grauweiße, metallglänzende Oktaëder. Bei gewöhnlicher Temperatur ist es an der Luft sehr beständig; bei Glühhitze verbrennt es unter Bildung weißer Dämpfe zu Germaniumdioxyd (GeO_2). Das Element wurde im Argyrodit (GeS_2 $3Ag_2S$) entdeckt.

4a. Die Titangruppe: Titan, Zirkonium, Cerium und Thorium.

Das Titan bildet als Dioxyd (TiO_2) die Mineralien: Rutil, Brookit und Anatas. Das metallische Titan bildet ein graues, dem Eisen ähnliches Metall, welches, an der Luft erhitzt, mit starkem Glanz zu weißem Titanoxyd verbrennt.

Das Zirkonium findet sich im Zirkon ($ZrSiO_4$) und bildet entweder ein schwarzes Pulver oder glasglänzende, antimonähnliche Blättchen. Das Zirkondioxyd (ZrO_2), ein weißes Pulver, strahlt beim Erhitzen mit der Knallgasflamme ein sehr intensives, weißes Licht aus; wegen seiner großen Widerstandsfähigkeit gegen Hitze und chemische Einflüsse ist es zur Herstellung von Tiegeln und Ofenmaterialien geeignet.

Das Cerium ist eisengrau und sehr dehnbar; es findet sich in zahlreichen schwedischen Mineralien, im Monazit und im Cerit $(SiO_3)_6(CeAl)_6Ca_2(OH)_6$. Das Cerium bildet zwei Oxyde: Ce_2O_3 und CeO_2.

Das Thorium bildet ein graues, glimmerndes Kristallpulver; es findet sich im Thorit (Orangit) $ThSiO_4$, Gadolinit und Monazit. Das Thordioxyd ThO_2 wird in bedeutenden Mengen aus nordkarolinischem Monazit fabrikmäßig für die „Glühstrümpfe" der Auerbrenner dargestellt. Das im Monazit neben Cerium, Lanthan, Thorium und Titan vorhandene Didym besteht nach Auer aus Neodym und Prasäodym. Für das Gasglühlicht sind besonders wichtig das Lanthanoxyd, das beim Erhitzen ein rein weißes Licht, und das Thordioxyd, das ein bläulich-weißes Licht ausstrahlt. Der „Strumpf", ein feines Baumwollgespinst, wird mit einer Lösung von Thorium- und Cernitrat getränkt, die in solchem Verhältnis darin enthalten sind, daß nach dem Ausglühen 98 bis 99% Thoriumoxyd und 1 bis 2% Ceroxyd als Asche zurückbleiben. In neuerer Zeit wird aus dem Thorium das Bromid des „Mesothoriums" dargestellt, welches in seinen Wirkungen dem Radiumbromid sehr ähnlich ist.

5. Die Stickstoffgruppe mit den Elementen Stickstoff, Phosphor, Arsen, Antimon und Wismut.

5a. Vanadin, Niob und Tantal.

Das Vanadin ist ein grauglänzendes Pulver, das sich mit Sauerstoff zu Vanadinpentoxyd (V_2O_5), einer orangeroten, kristallinischen Masse, verbindet; es findet sich im Vanadinit $Pb_5(VO_4)_3Cl$.

Niob und Tantal haben ein metallisches Aussehen und bilden Oxyde von der Formel R_2O_5.

6. Die **Sauerstoffgruppe**, bestehend aus **Sauerstoff**, **Schwefel**, **Selen** und **Tellur**.

6a. Die **Chromgruppe** mit den Elementen **Chrom**, **Molybdän**, **Wolfram** und **Uran**.

7. Die **Chlorgruppe**, bestehend aus den Elementen **Fluor**, **Chlor**, **Brom** und **Jod**.

7a. Die **Mangangruppe**, allein vertreten durch **Mangan**. Dasselbe zeigt in der Zusammensetzung seiner Verbindungen manche Beziehungen zur Chlorgruppe.

8. Die **Palladiumgruppe**, bestehend aus **Palladium**, **Ruthenium** und **Rhodium**.

Das **Palladium** besitzt eine silberweiße Farbe und ist unter den Platinmetallen am leichtesten schmelzbar (1500°). In fein verteiltem Zustande absorbiert es das 686fache Volum Wasserstoff. Während alle anderen Platinmetalle von keiner Säure außer Königswasser angegriffen werden, löst sich das Palladium in verdünnter, warmer Salpetersäure mit brauner Farbe unter Bildung von Palladonitrat [$Pd(NO_2)_2$] auf. Die Lösung des Metalles in Königswasser enthält ein Gemisch von Palladiumchlorid ($PdCl_4$) und Palladiumchlorür ($PdCl_2$). Verdampft man die Lösung zur Trockene, so geht das Palladium**chlorid** (Palladichlorid) unter Abspaltung von Chlor in das beständigere **Chlorür** (Pallado**chlorid**) über.

Das **Ruthenium** ist von stahlgrauer Farbe, sehr spröde und sehr schwer schmelzbar (oberhalb 1800°). In Königswasser ist das Metall fast unlöslich. Beim Schmelzen oxydiert sich ein Teil des Rutheniums unter Bildung von Ruthentetroxyd (RuO_4), goldgelber, glänzender Nadeln von penetrantem Geruche.

Das **Rhodium** gleicht in seinem Aussehen dem Aluminium; es ist schwerer schmelzbar als Platin (2000°). Im kompakten Zustande ist das Metall in Königswasser fast unlöslich.

8a. Die **Platingruppe** mit den Elementen **Osmium**, **Iridium** und **Platin**.

Das **Osmium** ist unter sämtlichen Metallen das am schwersten schmelzbare (2500°) und verflüssigt sich daher auch in der Knallgasflamme nicht. Das sehr harte Metall besitzt das spezifische Gewicht 22,48. Fein zerteiltes Osmium entzündet sich bei 100° und verbrennt zu Osmiumtetroxyd OsO_4. Dieselbe Verbindung erhält man auch durch Lösen des fein zerteilten Metalles in rauchender Salpetersäure und Königswasser. Das Osmiumtetroxyd ist eine farblose, kristallinische Masse, die bei mäßiger Temperatur sublimiert. Der Dampf riecht chlorähnlich, greift die Schleimhäute stark an und ist giftig. Organische Substanzen scheiden aus dem Osmiumtetroxyd schwarzes Metall aus. Als sehr feiner Draht findet das Osmium entweder für sich allein oder mit Wolfram legiert in den Metallfadenlampen Verwendung.

Kompaktes **Iridium** gleicht dem Stahl und hat in diesem Zustande das spezifische Gewicht 22,42. Mit Platin (9 bis 10 Teile) vereinigt sich Iridium (1 Teil) zu einer harten, sehr elastischen, höchst politurfähigen Legierung. Die meisten Platingeräte sind iridiumhaltig.

Säuren, Basen und Salze.

Säuren. Schwefel verbrennt zu **Schwefeldioxyd**, Kohle gibt beim Verbrennen im Sauerstoffstrom **Kohlendioxyd**, Phosphor verbindet sich mit Sauerstoff zu **Phosphorpentoxyd**. Leitet man ein Gemisch von Schwefeldioxyd und Sauerstoff über erhitzten, platinierten Asbest, so erhält man **Schwefeltrioxyd** (SO_3) in

Form einer Flüssigkeit, welche zu langen, asbestartigen Nadeln erstarrt. Die Oxyde der Nichtmetalle vereinigen sich chemisch mit Wasser und diese Verbindungen nennt man Säuren; die im Wasser löslichen Säuren haben einen sauren Geschmack und färben blaue Pflanzenfarbstoffe, z. B. Lackmus, rot.

Schwefeltrioxyd verbindet sich mit Wasser zu Schwefelsäure: $SO_3 + H_2O = H_2SO_4$; Schwefeldioxyd bildet mit Wasser eine Säure, welche sauerstoffärmer als Schwefelsäure ist und daher schweflige Säure genannt wird: $SO_2 + H_2O = H_2SO_3$. Eine Säure mit weniger Sauerstoff als schweflige Säure wird unterschweflige Säure, eine Säure mit mehr Sauerstoff als die Schwefelsäure wird Überschwefelsäure ($H_2S_2O_8$) genannt.

Kohlendioxyd verbindet sich mit Wasser zu Kohlensäure ($CO_2 + H_2O = H_2CO_3$), Phosphorpentoxyd und Wasser verbinden sich zu Phosphorsäure ($P_2O_5 + 3H_2O = 2H_3PO_4$); Arsenpentoxyd gibt mit Wasser Arsensäure ($As_2O_5 + 3H_2O = 2H_3AsO_4$), Arsentrioxyd ($As_2O_3$), ein weißer, höchst giftiger Körper, Arsenik genannt, verbindet sich mit Wasser zu arseniger Säure ($As_2O_3 + 3H_2O = 2H_3AsO_3$).

Basen. Bei der Einwirkung von Natrium auf Wasser entsteht Natriumhydroxyd und Wasserstoff: $2Na + 2H_2O = 2NaOH + H_2$. Die Lösung des Natriumhydroxydes im Wasser, Natronlauge genannt, hat einen laugenhaften Geschmack und färbt durch Säuren rot gefärbte Pflanzenfarbstoffe, z. B. Lackmus, blau. Wie Natriumhydroxyd verhält sich auch Kaliumhydroxyd KOH.

In der Molekel des Natriumhydroxydes von der Formel $Na \cdot OH$ ist das Natriumatom mit der einwertigen Atomgruppe OH, welche man als Hydroxyl bezeichnet, verbunden. Die Zahl der Hydroxylgruppen, mit denen sich das Metallatom verbindet, entspricht der Valenz des betreffenden Metalles; da die OH-Gruppe einwertig ist, so entspricht z. B. die Zusammensetzung des Kalziumhydroxydes der Formel $Ca(OH)_2$, die des Aluminiumhydroxydes der Formel $Al(OH)_3$. Die Hydroxylverbindungen der Metalle nennt man Basen.

Die Reaktion, welche die im Wasser löslichen Basen auf Lackmus zeigen, bezeichnet man als basische oder alkalische Reaktion.

Wenn ein metallisches Element nur ein Oxyd bildet, so nennt man es einfach Oxyd, z. B. Kalziumoxyd (CaO), Magnesiumoxyd (MgO). Bildet ein Metall zwei verschieden zusammengesetzte Oxyde, so bezeichnet man die niedere, weniger Sauerstoff enthaltende Oxydationsstufe als Oxydul oder Suboxyd und die höhere, an Sauerstoff reichere, als Oxyd, z. B. Eisenoxydul (Fe_2O_2, Ferrooxyd) und Eisenoxyd (Fe_2O_3, Ferrioxyd); Kupferoxydul (Cu_2O), Kuprooxyd, Kupferoxyd (CuO), Kuprioxyd. Eine besondere Gruppe von sauerstoffreichen Oxyden bilden die Superoxyde oder Peroxyde. Es gibt von den Elementen der Kalium- wie auch der Kalziumgruppe Peroxyde. Natrium verbrennt an der Luft zu einem hellgelben Pulver, dem Natriumdioxyd, das die Formel Na_2O_2 hat. Das Kalium bildet das Tetroxyd K_2O_4. Baryumsuperoxyd BaO_2 entsteht, wenn Baryummonoxyd BaO in Gegenwart von Luft unter Druck erhitzt wird. Auf Zusatz verdünnter Schwefelsäure (H_2SO_4aq[1])) bildet sich das unlösliche Baryumsulfat und nahezu eine reine Lösung von Wasserstoffsuperoxyd: $BaO_2 + H_2SO_4aq = BaSO_4 + H_2O_2aq$.

Es gibt also säurebildende Oxyde, die mit Wasser Säuren geben, ferner basenbildende Oxyde und neutrale Oxyde, wie z. B. Wasser, Kohlenmonoxyd (CO) und die Peroxyde.

Salze. Gießt man zu einer bestimmten Menge einer Säurelösung (Schwefelsäure oder Salpetersäure), die mit Lackmustinktur rot gefärbt ist, eine Alkalilösung (Kali- oder Natronlauge), so bleibt die rote Farbe anfangs unverändert; fährt man aber mit dem Zugießen fort, so geht schließlich das Rot in Violett über und man erhält schließlich eine Lösung, welche Lackmusfarbstoff nicht verändert, also neutral reagiert oder eine neutrale Reaktion besitzt.

Die Ursache dieser Erscheinung ist die Bildung einer neuen Verbindung, und die vor sich gegangene Reaktion nennt man Sättigung oder Neutralisation der Säure durch die Base oder auch umgekehrt der Base durch die Säure. Wird die erhaltene, neutral reagierende Lösung eingedampft, so erhält man nach Verdampfung des Wassers weder die Säure noch die Base, sondern eine Verbindung, welcher die Eigenschaften der Basen und Säuren fehlen und die das kristallinische Aussehen des Kochsalzes besitzt; dieselbe ist ein Salz im chemischen Sinne des Wortes.

Die Salze stellt man meist durch Einwirkung einer Base auf eine Säure dar. Aber auch nach anderen Methoden können Salze gewonnen werden. So z. B. entsteht schwefelsaures Eisen durch Einwirkung von Schwefelsäure auf Eisen, Eisenoxyd, Eisenhydroxyd, Eisensulfid. In allen diesen Fällen tritt das Eisen an die Stelle des Wasserstoffs der Schwefelsäure und der Wasserstoff wird entweder frei oder verbindet sich mit dem Sauerstoff zu Wasser oder mit dem Schwefel zu Schwefelwasserstoff. Ein Salz kann also als eine Säure angesehen werden, in welcher der Wasserstoff ganz oder teilweise durch Metall ersetzt ist. Je nach der Zahl der durch Metalle ersetzbaren Wasserstoffatome in der Molekel

[1]) Der Zusatz aq (aqua) bedeutet, daß der Stoff sich in wässeriger Lösung befindet.

unterscheidet man die Säuren als einbasische, zweibasische, dreibasische usw.

Chlorwasserstoff und Salpetersäure von der Formel HCl und HNO_3 sind einbasische Säuren, Schwefelsäure (H_2SO_4) und Kohlensäure (H_2CO_3) sind zweibasisch, die Phosphorsäure (H_3PO_4) ist dreibasisch.

Die Salze der Salpetersäure heißen Nitrate, die der Schwefelsäure Sulfate, die kohlensauren Salze heißen Karbonate, die phosphorsauren Salze Phosphate.

Bei der Salzbildung ersetzt je 1 Atom der einwertigen Metalle (Natrium, Kalium, Silber) oder eine Molekel eines einwertigen Radikals (Ammonium, NH_4) je 1 Atom Wasserstoff in der Säuremolekel; die mehrwertigen ersetzen im Verhältnis ihrer Valenz mehrere Atome Wasserstoff. Es erklärt sich hieraus die Bedeutung z. B. folgender chemischen Formeln:

HCl Chlorwasserstoff		HNO₃ Salpetersäure			
NaCl Natriumchlorid	$BaCl_2$ Barymchlorid	$NaNO_3$ Natriumnitrat	$AgNO_3$ Silbernitrat	$Pb(NO_3)_2$ Bleinitrat	$Co(NO_3)_2$ Kobaltnitrat

H_2SO_4 Schwefelsäure		H_2CO_3 Kohlensäure		H_3PO_4 Phosphorsäure	
K_2SO_4 Kaliumsulfat	$CaSO_4$ Kalziumsulfat	Na_2CO_3 Natriumkarbonat	$CaCO_3$ Kalziumkarbonat	Na_3PO_4 Natriumphosphat	$Ca_3(PO_4)_2$ Kalziumphosphat

Neutrale Salze nennt man solche, in welchen der Säure-Wasserstoff gänzlich durch Metall vertreten ist.

Saure Salze nennt man solche, in welchen nur ein Teil des Säure-Wasserstoffs in der Molekel der Säure durch Metall ersetzt ist. Schwefelsäure (H_2SO_4) z. B. gibt mit Natrium nicht nur das neutrale Salz Na_2SO_4 oder sekundäres Natriumsulfat, sondern auch das saure Salz $NaHSO_4$, das primäre Natriumsulfat; der Kohlensäure H_2CO_3 entsprechen z. B. die sauren Salze $NaHCO_3$, primäres Natriumkarbonat oder Natriumbikarbonat und $Ca(HCO_3)_2$, primäres Kalziumkarbonat.

Die Bezeichnung eines Salzes als neutral oder sauer bezieht sich einzig und allein auf dessen Zusammensetzung, die durch die chemische Formel ausgedrückt ist, aber ohne Rücksicht auf seine Reaktion, die damit in keinem Zusammenhange steht.

Basische Salze. Bei der Einwirkung von Wasser auf Wismutnitrat $\overset{III}{Bi}(NO_3)_3$ geht folgende Reaktion vor sich: $Bi(NO_3)_3 + H_2O = 2HNO_3 + BiO(NO_3)$; es spaltet sich Salpetersäure ab unter Bildung eines Salzes, welches als Salpetersäure HNO_3 angesehen werden kann, in welcher der Wasserstoff durch die Gruppe BiO ersetzt ist. Da Bi dreiwertig und O zweiwertig ist, so ist die Gruppe $-Bi=O$ einwertig und kann daher den Wasserstoff der Salpetersäure wie ein einwertiges Metall ersetzen. $\overset{\mathrm{I}}{\widehat{BiO}}$ ist ein ungesättigter, einwertiger Metalloxydrest. Während das Wismutnitrat von der Formel $Bi(NO_3)_3$ neutrales Wismutnitrat ist, nennt man das Nitrat von der Formel $BiO(NO_3)$, bei welchem der Wasserstoff der Salpetersäure durch den einwertigen Wismutoxydrest BiO ersetzt ist, *basisches Wismutnitrat*. Das zweiwertige Blei (Pb) und das zweiwertige Kupfer (Cu) bilden Hydroxyde von der Formel $Pb(OH)_2$ und $Cu(OH)_2$. Es können jedoch die einwertigen Hydroxydreste Pb(OH) und Cu(OH) an die Stelle des Wasserstoffs einer Säure treten und ebenfalls basische Salze bilden. So hat z. B. *basisches Bleikarbonat* oder das Bleiweiß die von der Kohlensäure H_2CO_3 abgeleitete Formel $(Pb \cdot OH)_2CO_3$ und das *basische Kupferkarbonat* oder der Malachit die Formel $(Cu \cdot OH)_2CO_3$. Basische Salze sind daher Säuren, in denen der Wasserstoff durch Metalloxyd- oder Metallhydroxydreste ersetzt ist.

Spinelle. *Aluminiumhydroxyd* $Al(OH)_3$ löst sich in Natron- oder Kalilauge unter Bildung eines Aluminats $Na \cdot AlO_2$ oder $K \cdot AlO_2$. Aluminiumhydroxyd, eine Base, kann also unter Wasserverlust in Aluminiumsäure $H \cdot AlO_2$ übergehen: $Al(OH)_3 - H_2O = H \cdot AlO_2$. Das Mineral *Spinell* ist Magnesiumaluminat $Mg(AlO_2)_2$, *Chrysoberyll* Berylliumaluminat $Be(AlO_2)_2$. Wie Aluminium können auch Chrom-, Eisen- und Manganhydroxyd, $Cr(OH)_3$, $Fe(OH)_3$ und $Mn(OH)_3$ unter Wasserverlust in Säuren übergehen ($H \cdot CrO_2$, $HFeO_2$, $H \cdot MnO_2$), aus denen durch Substitution des Wasserstoffs Salze entstehen: So hat das Mineral *Franklinit* die Formel $Zn(\overset{\mathrm{III}}{Fe}O_2)_2$, *Chromit* oder Chromeisenerz die Formel $\overset{\mathrm{II}}{Fe}(CrO_2)_2$.

Die Verbindungen, welche eine dem Spinell analoge Zusammensetzung haben, nennt man *Spinelle*.

Man kann die Spinelle auch als Verbindung von Oxyden ansehen, welche der allgemeinen Formel $M_2O_3 \cdot MO$ entsprechen (ein Oxyd von der Formel M_2O_3, z. B. Ferrioxyd Fe_2O_3, nennt man ein Sesquioxyd); Spinell $Mg(AlO_2)$ z. B. als eine Verbindung von Aluminiumoxyd mit Magnesiumoxyd $Al_2O_3 \cdot MgO$, Chromit $\overset{\mathrm{II}}{Fe}(CrO_2)_2$ als eine Verbindung von Chromoxyd mit Ferrooxyd $Cr_2O_3 \cdot FeO$ usw.

Umgekehrt kann man wieder eine solche Doppelverbindung als Spinell formulieren. So z. B. wird dem *Magnetit*, welcher das

Eisen sowohl in Ferro- als auch in Ferriform enthält, also Ferrioxyd Fe_2O_3 und Ferrooxyd FeO enthält, als Spinell die Formel $\overset{II}{Fe}(\overset{III}{Fe}O_2)_2$ zukommen, und dem Hausmannit, welcher Mangani- und Manganooxyd $Mn_2O_3 \cdot MnO$ enthält, die Formel $\overset{II}{Mn}(\overset{III}{Mn}O_2)_2$.

Der Analogie nach ist es möglich, daß das in der Natur als Korund, Rubin und Saphir vorkommende Aluminiumoxyd in Wirklichkeit Aluminium-Aluminat von der Formel $Al(AlO_2)_3$ ist und daß dem als Hämatit vorkommenden Eisensesquioxyd die Formel des Ferriferrits $\overset{III}{Fe}(\overset{III}{Fe}O_2)_2$ zukommt.

Dampfdruck des Wassers. Die Verwandlung einer Flüssigkeit in Gas (oder Dampf) nennt man Verdampfen oder Sieden, je nachdem die Bildung des Dampfes an der Oberfläche oder auch im Innern einer Flüssigkeit erfolgt. In letzterem Falle erheben sich Dampfblasen durch die Flüssigkeit. Wenn man von dem Siedepunkt ohne weiteren Zusatz spricht, so meint man immer den Siedepunkt, welcher zu dem Drucke einer Atmosphäre gehört, welcher also beim Sieden in offenen Gefäßen bei dem Barometerstand von 760 mm eintritt. Der Druck, den der Dampf des siedenden Wassers ausübt, entspricht also einer Quecksilbersäule von 760 mm Höhe, oder, da 1 cm^3 Quecksilber 13,595 g wiegt, einem Gewicht von $13{,}595 \times 76 = 1033$ g auf 1 cm^2.

Bei niedrigerem Luftdruck als 760 mm B. siedet das Wasser in offenen Gefäßen unter 100^0.

Siedetemperatur des Wassers bei verschiedenen Barometerständen.

100^0	760 mm	97^0	682,11 mm	94^0	611,04 mm	91^0	546,27 mm
99^0	733,24 „	96^0	657,69 „	93^0	588,77 „	90^0	526,00 „
98^0	707,29 „	95^0	634,01 „	92^0	567,19 „		

Wie aus der Tabelle ersichtlich ist, entspricht der Dampfdruck des Wassers bei 99^0 einer Quecksilbersäule von 733,24 mm Höhe, bei 98^0 einer Quecksilbersäule von 707,29 mm Höhe usw.

Um nun den Dampfdruck des Wassers auch für niedrigere Temperaturen zu bestimmen, bringt man Wasser in ein Barometervakuum und beobachtet den Betrag (die Anzahl Millimeter), um welchen die Quecksilbersäule bei verschieden bestimmten Temperaturen durch den Dampfdruck herabgedrückt wird.

Die Beziehung zwischen Temperatur und Dampfdruck für Wasser ist in der nachstehenden Tabelle mitgeteilt.

Temperatur $= t$	Dampfdruck $= s$	Temperatur $= t$	Dampfdruck $= s$
10°	9,2 mm	17°	14,4 mm
11°	9,8 „	18°	15,3 „
12°	10,5 „	19°	16,3 „
13°	11,2 „	20°	17,4 „
14°	11,9 „	21°	18,5 „
15°	12,7 „	22°	19,7 „
16°	13,5 „	23°	20,9 „

Für den gesättigten Dampf gilt also, daß er bei bestimmter Temperatur einen bestimmten Druck ausübt. Gesättigt heißt der Dampf, wenn er mit der verdampfenden Flüssigkeit in Berührung ist.

Bei einer bestimmten Temperatur und einem bestimmten Drucke kann also eine beliebige Menge Wasser und Dampf nebeneinander bestehen, ohne daß sie sich gegenseitig beeinflussen. Wasser und Dampf befinden sich unter diesen Verhältnissen im Zustande des Gleichgewichtes. Durch Erhitzen des Wassers erhält man ein Gemenge von Flüssigkeit und Dampf. Die gleichteiligen Stoffe eines solchen Gemenges nennt man Phasen. Beim Verdampfen des Wassers erhält man also zwei Phasen: Flüssigkeit und Dampf (oder Gas).

Von der Oberfläche des Wassers entweicht bei jeder Temperatur Dampf. Wir wollen annehmen, dieser Dampf bleibe über der Flüssigkeit liegen und verdränge von der dort vorhandenen Luft so viel, als er für sich Raum braucht. Es zeigt sich dann, daß der über der Flüssigkeit liegende Dampf genau den Druck ausübt, welcher der betreffenden Temperatur entspricht. Da aber das Gefäß oben offen sein soll und somit in ihm kein höherer Druck herrschen kann als in der umgebenden Luft, so muß der Druck der mit dem Dampf gemischten Luft über der Flüssigkeitsoberfläche um den Betrag des Dampfdruckes kleiner sein als der der Außenluft. Ein Beispiel soll dies klar machen. Es herrsche ein Luftdruck von 750 mm; in einem offenen Gefäße befinde sich Wasser von 20°; dieser Temperatur entspricht (siehe obenstehende Tabelle) ein Dampfdruck von 17,4 mm. Es wird sich dann unmittelbar über der Flüssigkeitsoberfläche eine Mischung von Luft und Wasserdampf bilden, in welcher der Dampf einen Druck von 17,4 mm, die Luft einen Druck von $750 - 17,4 = 732,6$ mm ausübt. Bleibt diese Mischung über der Flüssigkeit liegen, so hört die Verdampfung auf und man sagt dann, die Luft über der Flüssigkeitsoberfläche sei mit Wasserdampf gesättigt.

Der jeweilige Dampfgehalt der Luft wird durch Angabe des in Millimetern ausgedrückten Quecksilberdruckes angegeben, welcher dem Einzeldruck des Wasserdampfes bei der betreffenden Temperatur gleichkommt. Diese Größe heißt die absolute Feuchtigkeit, und nahezu die gleiche Zahl gibt auch an, wieviel Gramm Wasserdampf in 1 m^3 Luft enthalten sind. Die Anzahl von Grammen Wasserdampf, die in einem Kilogramm Luft enthalten sind, nennt man die spezifische Feuchtigkeit der Luft. Wird dampfhaltige Luft erwärmt, so wächst ihre Fähigkeit zur Aufnahme von Wasserdampf. Wird ihr dagegen Wärme entzogen, so sinkt ihre Temperatur zunächst bis zur Sättigungstemperatur der vorhandenen Dampfmenge; bei weiterer Wärmeentziehung kann die ganze vorhandene Dampfmenge nicht mehr als solche weiterbestehen, sondern sie wird zu Wasser verdichtet (oder zu Eis, wenn die Temperatur unter 0° liegt). In dieser Beziehung kann man daher die in der Dampfdrucktabelle angegebenen Temperaturen als Taupunkte für die danebenstehenden Dampfdrucke bezeichnen. Der Taupunkt ist also die Temperatur, bei welcher die Luft mit der in ihr vorhandenen Dampfmenge gesättigt ist. Damit ist auch ausgedrückt, daß Kondensation des Dampfes eintritt (Bildung von Tau, Reif, Nebel, Wolken, Regen, Schnee), wenn bei einem bestimmten Dampfdruck die Luft sich unter die diesem Dampfdruck entsprechende Temperatur abkühlt.

Das Verhältnis der in der Luft tatsächlich vorhandenen Dampfmenge zu der größtmöglichen Dampfmenge, welche bei der betreffenden Temperatur vorhanden sein könnte, bezeichnet man als relative Feuchtigkeit.

Man drückt die in der Luft vorhandene Dampfmenge in Prozenten derjenigen Menge aus, welche bei der herrschenden Temperatur zur Sättigung nötig wäre. Bei völlig gesättigter Luft beträgt also die relative Feuchtigkeit 100% und dies bedeutet, daß der Taupunkt erreicht ist; bei 50% relativer Feuchtigkeit ist nur die Hälfte der Dampfmenge vorhanden, welche zur Sättigung gehört und bei 0% ist die Luft ganz trocken.

Enthält z. B. bei 18° 1 cm^3 Luft 10,71 g Wasserdampf, so beträgt ihre relative Feuchtigkeit, weil 1 m^3 Luft bei dieser Temperatur 15,3 g Wasserdampf enthalten könnte, $\frac{10,71}{15,3} = 0,70$ oder 70%.

Die einfachen Gasgesetze und die Gewichtsbestimmung von Gasen.

Die Abhängigkeit des Gasvolums von der Temperatur wird durch das nach Gay-Lussac (1801) bezeichnete Gesetz bestimmt, nach welchem sich die Gase bei Erwärmung um je 1° C um den

273. Teil ihres Volums bei 0° ausdehnen. $^1/_{273} = 0{,}00367 = \alpha$ nennt man den Ausdehnungskoeffizienten der Gase. Das Volum v_1 ist also bei 1° C, wenn wir das Volum bei 0° mit v_0 bezeichnen

$$v_1 = v_0 + \frac{v_0}{273} = v_0\left(1 + \frac{1}{273}\right),$$

bei 2°

$$v_2 = v_0 + \frac{2v_0}{273} = v_0\left(1 + \frac{2}{273}\right)$$

oder allgemein bei t^0

(1) $$v_t = v_0 + \frac{t v_0}{273} = v_0\left(1 + \frac{t}{273}\right).$$

Das Volum eines Gases bei t^0 ist gleich dem Volum bei 0° mal $\left(1 + \frac{t}{273}\right)$. Das gilt nur, wenn die Volume sich unter demselben Druck (p) befinden. Dieselbe Beziehung wie zwischen Temperatur und Volum besteht auch zwischen Temperatur und Druck (p) der Gase.

Wenn man ein Gas in einem abgeschlossenen Raum erwärmt, so hat es das Bestreben, sich auszudehnen, und die Wirkung der Erwärmung äußert sich in einer Druckvermehrung, die man an einem am Gefäße angebrachten Manometer ablesen kann. Auf diese Weise läßt sich feststellen, in welchem Maße die Temperatur den Druck eines Gases ändert, wenn sein Volum unverändert bleibt. Das Resultat der Messungen ist folgendes: Zeigt das Gas bei 0° den Druck von 1 Atmosphäre, so steigt derselbe bei Erwärmung um 1° C um den 273. Teil dieses Druckes, er beträgt also $1 + {^1/_{273}}$ Atmosphären. Bei einer weiteren Erwärmung auf 2° steigt der Druck abermals um den 273. Teil einer Atmosphäre und in gleicher Weise für jeden Grad Celsius weiterer Erwärmung. Bezeichnet p_0 den Druck bei 0°, so ist bei 1° C der Druck $p_0 + {^1/_{273}}\, p_0$ und bei t^0 mithin $p_0 + t\, {^1/_{273}}\, p_0$, d. h. in allgemeiner Form lautet das Gesetz:

$$p_t = p_0\left(1 + \frac{1}{273}t\right),$$

wenn p_t den Druck bei der Temperatur t bezeichnet.

Die Druckzunahme eines Gases bei der Erwärmung um je 1° C, $^1/_{273} = 0{,}0036 = \alpha$ nennt man den Spannungskoeffizienten der Gase.

Wenn man also ein Gas von 0° an erwärmt und seinen Rauminhalt unverändert läßt, so wächst sein Druck bei der Temperaturerhöhung von 1° um $^1/_{273}$. Ebenso sinkt der Druck infolge der Abkühlung bei jedem Grad Celsius um $^1/_{273}$ des ursprünglichen Betrages. So muß bei -1° C der Druck

$$p_{-1} = p_0 - \frac{1}{273}p_0$$

und bei -2^0 C

$$p_{-2} = p_0 - \frac{2}{273} p_0$$

sein.

Bei -273^0 C wird schließlich

$$p_{-273} = p_0 - \frac{273}{273} p_0 = 0,$$

d. h. bei -273^0 müßte der Druck der Gase verschwinden. Diese Temperatur von -273^0, bei welcher ein Gas keinen Druck mehr ausüben würde, hat man den absoluten Nullpunkt genannt und die Temperatur, welche von diesem Nullpunkt aus gezählt wird, die absolute Temperatur.

Es ist also die absolute Temperatur T eines Stoffes gleich 273^0 vermehrt um seine am hundertteiligen Thermometer gemessenen Temperatur t^0.

$$T = 273^0 + t^0$$
$$t^0 = T - 273^0.$$

Wenn in die obige Gleichung (1.) für t^0 der Wert in absoluter Zählung eingesetzt wird, so erhalten wir:

$$v_t = v_0 \left(1 + \frac{T - 273}{273}\right) = v_0 \left(1 + \frac{T}{273} - \frac{273}{273}\right) = \frac{v_0 \cdot T}{273}.$$

Da für die Temperatur t_1 die Gleichung

$$v_{t_1} = \frac{v_0 T_1}{273}$$

gilt, so ist

$$\frac{v_t}{v_{t_1}} = \frac{T}{T_1},$$

d. h. die Volume der Gase sind bei gleichbleibendem Drucke ihren absoluten Temperaturen proportional.

Die Veränderungen eines Gasvolums durch Druckänderungen werden durch das Gesetz von Boyle (1662) und Mariotte (1679) geregelt, wonach Gasvolume sich umgekehrt verhalten wie die auf sie ausgeübten Drucke.

Ist v_0 das Volum eines Gases bei t^0 und dem Drucke (Barometerstand) p_0 und v ein Gasvolum bei derselben Temperatur, aber vom Drucke (Barometerstand) p, so ist nach dem Gesetz von Boyle-Mariotte:

$$v : v_0 = p_0 : p \quad \text{oder} \quad v \cdot p = v_0 \cdot p_0 = \text{Konstante}.$$

Unter der Bezeichnung Normaldruck versteht man den Druck einer Quecksilbersäule von 760 mm Höhe (normaler Barometerstand); die Normaltemperatur ist 0^0 C oder 273^0 absolute Temperatur $= T_0$. Ein Gasvolum befindet sich bei 0^0 und 760 mm B. unter den Normalbedingungen oder unter den normalen Verhältnissen.

Auf Grund dieser Gesetze kann ein bei der Temperatur t^0 und dem Drucke (Barometerstand) p gemessenes Gasvolum v auf 0^0 und 760 mm Druck (normaler Barometerstand), also auf die Normalverhältnisse reduziert werden. Aus dem Volum v bei dem Drucke p und der Temperatur t^0 ergibt sich nach Boyle-Mariotte das Volum v_1 bei t^0 für den Druck p_0:

$$v : v_1 = p_0 : p$$

(2) $$v_1 = \frac{v \cdot p}{p_0}$$

und nach Gay-Lussac ergibt sich aus dem Volum v_1 bei t^0 das Volum v_0 bei 0^0:

$$\frac{v_0}{v_1} = \frac{T_0}{T},$$

(3) $$v_0 = \frac{v_1 T_0}{T}.$$

Setzt man in die Gleichung (3.) für v_1 den Wert aus der Gleichung (2.) ein, so ergibt sich für die Reduktion eines Gasvolums auf Normaldruck und Normaltemperatur die Reduktionsgleichung:

$$v_0 = \frac{v \cdot p \cdot T_0}{p_0 T}$$

oder allgemein:

$$\frac{v_0 \cdot p_0}{T_0} = \frac{v \cdot p}{T}.$$

In dieser Gleichung bezeichnet v das Volum eines Gases bei dem Barometerstand p und der absoluten Temperatur $T = 273 + t$, v_0 das Volum eines Gases bei 0^0 C, also bei der absoluten Temperatur $T_0 = 273^0$ und dem normalen Barometerstande $p_0 = 760$ mm.

Wenn ein Gas bei dem Barometerstande p und der Temperatur $T (273 + t)$ das Volum v hat, so hat es nach dem allgemeinen Gasgesetze $\frac{v_0 p_0}{T_0} = \frac{v p}{T}$ bei dem normalen Barometerstande $p_0 = 760$ und bei der normalen Temperatur von 0^0 ($T_0 = 273^0$) das Volum

$$v_0 = \frac{p T_0}{p_0 T} \cdot v = \frac{p\, 273}{760\,(273 + t)} \cdot v = \frac{v \cdot p \cdot 273}{760\,(273 + t)}.$$

Die folgenden Beispiele mögen die Anwendbarkeit der Gleichung dartun:

1. Es sei zu berechnen, welches Volum (v_0) 30 l eines Gases (v), gemessen bei 20^0 C ($T = 273 + 20$) und 770 mm Barometerstand (p), bei 0^0 ($T = 273$) und dem normalen Barometerstand von 760 mm (p_0) einnehmen.

Setzen wir die Werte in die obige Gleichung, so erhalten wir

$$v_0 = \frac{30 \cdot 770 \cdot 263}{760 \cdot 293} = 28{,}3 \text{ Liter.}$$

Wird das Gas über Wasser aufgefangen oder ist es mit Wasserdämpfen gemengt, so wirkt dann sowohl die Spannkraft des Gases als auch die Spannkraft oder Tension des Wasserdampfes (der Dampfdruck des Wassers) dem auf dem Gase lastenden Drucke (p), also dem jeweiligen Barometerstande entgegen. Bezeichnen wir den Dampfdruck des Wassers oder die Tension mit s, so würde dieselbe beim Barometerstande p abgemessene Menge feuchten Gases im trockenen Zustande bei derselben Temperatur das nämliche Volum unter dem Drucke $p—s$ erfüllen. Bei einem feuchten Gase ist also in die obige Formel statt p der Ausdruck $p—s$ zu setzen.

Temperatur $= t$	Dampfdruck od. Tension $= s$	Temperatur $= t$	Dampfdruck od. Tension $= s$
10°	9,2 mm	17°	14,4 mm
11°	9,8 „	18°	15,3 „
12°	10,5 „	19°	16,3 „
13°	11,2 „	20°	17,4 „
14°	11,9 „	21°	18,5 „
15°	12,7 „	22°	19,7 „
16°	13,5 „	23°	20,9 „

2. 30 l Sauerstoff, im feuchten Zustande gemessen bei 20° C ($273+20=T$) und 740 mm Barometerstand (p), nehmen also bei 0° ($T_0=273$) und 760 mm Barometerstand (p_0), von Feuchtigkeit befreit, folgenden Raum ein:

$$v_0 = \frac{v\,(p-s) \cdot 273}{760\,(273+20)} = \frac{30\,(740-17{,}4) \cdot 273}{760 \cdot 293}$$

$$= \frac{2959047}{111340} = 26{,}57 \text{ Liter}.$$

3. Die Methode zur Bestimmung der Gasdichte nach Victor Meyer besteht darin, daß eine gewogene Substanzmenge in einem Gefäße verdampft und das gleiche durch den Dampf verdrängte Volum Luft gemessen wird.

Der hierzu verwendete Apparat besteht (Fig. 1) aus einer langen Glasröhre *ab*, die am oberen Ende mit einem Seitenstück *c* versehen und am unteren Teile erweitert ist. Der Mantel *M*, der die Röhre größtenteils umgibt, enthält eine Flüssigkeit, deren Dampf beim Sieden die Birne *b* auf eine konstante Temperatur erhitzt. Die Öffnung *a* ist mit einem Stopfen verschlossen, während *c* in eine mit Wasser gefüllte Wanne ausmündet, in welcher sich die graduierte, mit Wasser gefüllte Röhre *r* befindet. Man erhitzt die Flüssigkeit in dem Mantelgefäß *M* zum Sieden; der Dampf umspült die Röhre *ab*, die Luft in derselben dehnt sich aus und entweicht durch *c*, bis die Ausdehnung aufhört. Sodann bringt man die Öffnung von *c* unter die Röhre *r* und läßt schnell nach Lüftung des Stopfens durch *a* ein Fläschchen in die Röhre hineingleiten, welches mit einer gewogenen Menge der Substanz, deren Gasdichte man kennen lernen will, gefüllt ist; den Stopfen bringt man sofort in seine frühere Lage zurück. Die Substanz vergast nun im unteren Teile des Apparates und verdrängt ein dem Dampfvolum entsprechendes Volum Luft; diese Luftmenge entweicht durch das Verbindungsrohr *c* nach *r*. Nach beendeter Vergasung der Substanz hört das Entweichen von Luftblasen auf. Die in der Röhre *r* befindliche Luftmenge würde bei der im Gefäße *b* bei der Verdampfung der Substanz herrschenden konstanten Temperatur dasselbe Volum einnehmen wie das Dampfvolum der vergasten Substanz. In der Röhre *r* hat sich jedoch dieses Volum entsprechend der dort herrschenden Temperatur verringert, ganz so wie sich das Dampfvolum der Substanz verringert hätte, wenn es bei dieser Temperatur noch als Gas bestehen könnte.

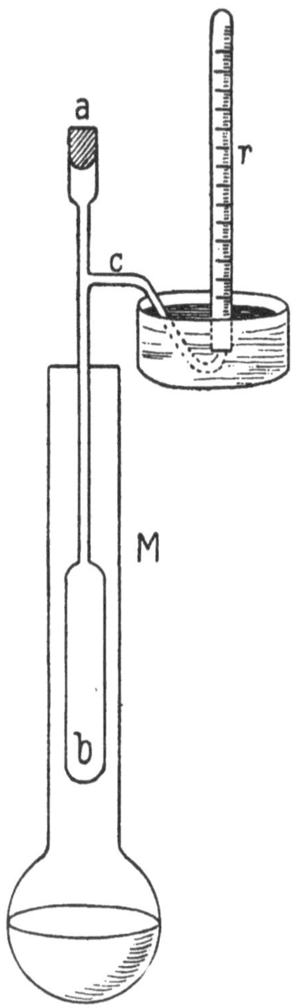

Fig. 1.

Es sei 0,184 g einer Flüssigkeit vergast und am Ende 37,5 cm³ feuchte Luft erhalten worden. Der Barometerstand sei 752 mm, die Zimmertemperatur 14° C. Wie groß ist die Gasdichte und das Molekulargewicht der Substanz?

Der Gesamtdruck von Luft und Wasserdampf $(p+s)$ ist also 752 mm. Weil aber der Dampfdruck des Wassers bei 14° 11,9 mm oder rund 12 mm ist, übt die Luft einen Druck von $(p-s)$ $752-12=740$ mm aus. Bei 0° und 760 mm B. ist demnach das Luftvolum

$$v_0 = \frac{37{,}5 \times 740 \times 273}{760\,(273+14)} = 35 \text{ cm}^3$$

und eben so groß ist das Volum von 0,184 g der vergasten Substanz bei 0° und 760 mm Druck. Ein Liter jener Substanz hat also unter den Normalbedingungen das Gewicht

$$\frac{0,184}{35} \times 1000 = 5,3\,\mathrm{g}.$$

Ihre auf Wasserstoff bezogene Gasdichte ist daher $\frac{5,3}{0,09} = 58,8$ oder rund 59 und ihr Molekulargewicht = 118.

Aus dem Ergebnisse des Versuches, daß 0,184 g einer flüssigen Substanz beim Erhitzen eine Gasmenge bilden, welche bei 0° und 760 mm Druck einen Raum von 35 cm³ einnehmen, berechnet sich das auf $O_2 = 32$ bezogene Molekulargewicht der Substanz nach Feststellung des Gewichtes eines gleichen Volums (35 cm³) Sauerstoff mit 0,05 g (aus dessen Litergewicht 1,428 g berechenbar) aus der Proportion:

Gewicht von 35 cm³ Sauerstoff	:	Gew. von 35 cm³ der Substanz	=	Molekulargew. des Sauerstoffs	:	Molekulargew. der Substanz
0.05	:	0,184	=	32	:	x

$$x = \frac{0,184 \times 32}{0,05} = 117,7.$$

Aus dem Litergewicht der Substanz $(G) = 5,3$ g und dem Litergewicht des Sauerstoffes = 1,428 g (G_0) berechnet sich das auf $O_2 = 32$ (M_0) bezogene Molekulargewicht (M) der Substanz aus:

$$G : G_0 = M : M_0$$

$$5,3 : 1,428 = x : 32,$$

$$x = \frac{5,3 \times 32}{1,428} = 118.$$

Diese Reduktion eines Gasvolums von beliebiger Temperatur und beliebigem Barometerstande auf die Normalbedingungen erleichtert uns das Übergehen vom Volum eines Gases zu dessen Gewicht.

Wir wissen, daß das Molekulargewicht eines gasförmigen Stoffes gleich ist dem doppelten Volumgewichte bezogen auf Wasserstoff = 1; das halbe auf Wasserstoff = 2 bezogene Molekulargewicht ist daher das Volumgewicht des Gases. Da $O_2 = 32$ ist, so wiegt 1 l Sauerstoff 15,87[1]) mal soviel als ein Liter Wasserstoff (1 l Sauerstoff wiegt 1,428 g)·HCl = 36,468; daher ist das Gewicht eines Liters Chlorwasserstoff = 18,089[2]) × dem Litergewicht des Wasserstoffes (0,09 g)· $CO_2 = 12 + 32 = 44$; 1 l Kohlendioxyd wiegt 21,82 × dem Litergewicht

[1]) (O_2) 32 : 1,008 = 31,74; 31,74 : 2 = 15,87; 15,87 × 0,09 = 1,428 g.

[2]) (HCl) 36,468 : 1,008 = 36,178; 36,178 : 2 = 18,089; 18,089 × 0,09 = 1,628 g.

des Wasserstoffes.[1]) Wir können jedoch das Litergewicht eines gasförmigen Stoffes unter den Normalbedingungen aus dem Litergewichte des Sauerstoffes $=1{,}428$ g berechnen, wenn wir berücksichtigen, daß sich die Molekulargewichte wie die Litergewichte der betreffenden Gase zueinander verhalten. So z. B. berechnet sich aus dem Verhältnis $32:36{,}46 = 1{,}428:x$ das Litergewicht des Chlorwasserstoffes $x = 36{,}46 \times 1{,}428/32 = 1{,}62$ g. Um das in Grammen ausgedrückte Litergewicht eines Gases unter den Normalbedingungen zu bestimmen, multipliziert man also entweder das halbe auf $H_2=2$ bezogene Molekulargewicht des betreffenden Stoffes mit 0,09[2]) oder man multipliziert das Molekulargewicht mit 1,428 und dividiert dieses Produkt mit 32.

4. Wenn das Gewicht z. B. von 30 l Kohlendioxyd bestimmt werden soll, gemessen bei 20° und 770 mm B., so muß bekannt sein, welchen Raum diese 30 l Kohlendioxyd einnehmen, wenn man sie auf die Temperatur 0° und unter den Druck von 760 mm Hg bringt; denn es ist uns nur bekannt, daß 1 l Kohlendioxyd bei 0° und 760 mm B. $21{,}82 \times 0{,}09$ g wiegt, weil das Gewicht eines Liters Wasserstoff bei 0° und 760 mm B. 0,09 g beträgt. Da nun, wie aus dem Beispiel 1 hervorgeht, 30 l Kohlendioxyd, abgemessen bei 20° und 770 mm B., bei 0° und 760 mm B. 28,3 l betragen, so ist das Gewicht dieser 30 l Kohlendioxyd $=28{,}3 \times 21{,}82 \times 0{,}09 = 55{,}57$ g.

5. Es soll das Gewicht von 30 l Sauerstoff bestimmt werden, gemessen im feuchten Zustande bei 20° und 740 mm B.

Aus Beispiel 2 wissen wir, daß diese 30 l Sauerstoff unter den normalen Verhältnissen im trockenen Zustande einen Raum von 26,57 l erfüllen.

Da nun 1 l Sauerstoff bei 0° und 760 mm B. $16 \times 0{,}09 = 1{,}44$ g wiegt (genauer 1,428 g), so besitzen unter denselben Verhältnissen 26,57 l ein Gewicht von $1{,}44 \times 26{,}57 = 38{,}26$ g.

Wenn berechnet werden sollte, wieviel unter den oben angenommenen Temperatur- und Druckverhältnissen z. B. 30 l Kohlendioxyd, abgemessen im feuchten Zustande, wiegen, so müßte das auf 0° und auf 760 mm B. reduzierte Volum $=26{,}57$ l mit $22 \times 0{,}09$ multipliziert werden, weil 1 l Kohlendioxyd bei 0° und 760 mm B. $22 \times 0{,}09 = 1{,}98$ g wiegt ($CO_2 = 44$). 30 l Kohlendioxyd, abgemessen

[1]) (CO_2) $44 : 1{,}008 = 43{,}65 : 2 = 21{,}82$; $21{,}82 \times 0{,}09 = 1{,}96$ g. Durch Division des auf $O_2 = 32$ bezogenen Molekulargewichtes mit 1,008 erhält man das auf $H_2 = 2$ bezogene Molekulargewicht.

[2]) Bei Berechnungen, welche keine große Genauigkeit beanspruchen, kann auch zu diesem Zwecke das halbe auf $O_2 = 32$ bezogene Molekulargewicht mit 0,09 multipliziert werden.

im feuchten Zustande bei 20° C und 740 mm B., wiegen demnach $26{,}57 \times 1{,}98 = 52{,}6$ g.

Welche Bedeutung dieser Gewichtsbestimmung der Gase zukommt, soll die folgende Betrachtung ergeben:

Die Umsetzungsgleichungen geben die Gewichtsmengenverhältnisse der an chemischen Reaktionen beteiligten Stoffe an:

$$\begin{array}{llll}
Zn + H_2SO_4 & = ZnSO_4 & + H_2, \\
65\,g + 98\,g & = 161\,g & + 2\,g, \\
HgO & = Hg & + O, \\
216\,g & = 200\,g & + 16\,g, \\
KClO_3 & = KCl & + O_3, \\
122{,}5\,g & = 74{,}5\,g & + 48\,g, \\
CaCO_3 & = CaO & + CO_2, \\
100\,g & = 56\,g & + 44\,g.
\end{array}$$

Auf Grundlage dieser chemischen Formelgleichungen kann man z. B. berechnen, wieviel Gramm oder Kilogramm Zink auf Schwefelsäure einwirken müssen, um x g oder x kg Wasserstoff darzustellen.

Wenn aber berechnet werden soll, wieviel Zink verwendet werden muß, um z. B. 30 l Wasserstoff bei t^0 und dem Barometerstande p zu erzeugen, so muß erst das Gewicht der betreffenden Gasmenge bestimmt und dieses sodann in die Gleichung eingesetzt werden.

6. Es sei zu berechnen, wieviel Zink auf Schwefelsäure einwirken muß, um eine Wasserstoffmenge darzustellen, welche in trockenem Zustande bei 20° C ($T = 273 + 20$) und einem Barometerstande von 770 mm (p) einen Raum von 100 l (v) einnimmt.

Wir reduzieren zuerst dieses Volum (v) auf 0° ($T_0 = 273$) und 760 mm B. (p_0):

$$v_0 = \frac{100 \cdot 770 \cdot 273}{760 \cdot 293} = 94{,}4 \text{ Liter.}$$

Da 1 l Wasserstoff unter den Normalbedingungen 0,09 g wiegt, so wiegen unter denselben Verhältnissen 94,4 l $0{,}09 \cdot 94{,}4 = 8{,}496$ g. Die Aufgabe lautet jetzt: Es sei zu berechnen, wieviel Zink auf Schwefelsäure einwirken muß, um 8,496 g Wasserstoff darzustellen.

Die Gleichung $Zn + H_2SO_4 = ZnSO_4 + H_2$ besagt, daß man 65 g Zink zur Darstellung von 2 g Wasserstoff, also 32,5 g Zink zur Darstellung von 1 g Wasserstoff benötigt; um 8,496 g Wasserstoff darzustellen, braucht man also $32{,}5 \cdot 8{,}496 = 276{,}11$ g Zink.

Für manche Berechnungen ist es von Vorteil, zu beachten, daß ein Gramm-Molekularvolum einer gasförmigen Substanz 22,4 l und ein Milligramm-Molekularvolum 22,4 cm³ beträgt, d. h., daß die in Grammen ausgedrückte Molekulargewichtsmenge unter den Normalbedingungen (bei 0° und 760 mm B.) den Raum von 22,4 Litern und die in Milligrammen ausgedrückte Molekulargewichtsmenge 22,4 Kubikzentimeter erfüllen.

So wiegen z. B. 22,4 l Wasserstoff unter den Normalbedingungen 2,016 g ($H_2 = 2 \times 1{,}008$) oder 22,4 l Wasserstoff entsprechen unter den Normalbedingungen 2,016 g der Substanz; ebenso entsprechen unter den Normalbedingungen 22,4 l Kohlendioxyd ($CO_2 = 12 + 32$) 44 g dieses Gases, oder 22,4 cm³ Sauerstoff ($O_2 = 32$) 32 mg des Gases.

Wenn ein Gas unter dem Drucke p_0 bei der Temperatur von 0° C das Volum v_0 hat, so hat es nach der Gasgleichung $\frac{v\,p}{T} = \frac{v_0\,p_0}{T_0}$ unter dem Druck p und bei der Temperatur von t^0 das Volum

$$v = \frac{v_0\,p_0\,T}{T_0\,p} = \frac{v_0\,760\,(273 + t)}{273 \cdot p}.$$

7. Es sei zu berechnen, welches Volum in Litern 5 g Wasserstoff bei 27° C und 720 mm B. erfüllen.

Es ist uns bekannt, daß 22,4 l Wasserstoff (v_0) bei 0° C und 760 mm B. 2,016 g entsprechen und wir haben zu berechnen, welches Volum (v) diese 2,016 g bei 27° C und 720 mm B. einnehmen.

$$v = \frac{22{,}4 \cdot 760\,(273 + 27)}{273 \cdot 720} = 26 \text{ Liter.}$$

26 l Wasserstoff, gemessen bei 27° C und 720 mm B., wiegen also 2,016 g; unter denselben Verhältnissen wiegen demnach 26/2,016 l des Gases 1 g und $26/2{,}016 \times 5 = 64{,}48$ l Wasserstoff 5 g.

8. Es soll das Gewicht von 80 l Kohlendioxyd, gemessen bei 30° C und 780 mm B., ermittelt werden (vgl. Beispiel 4).

Bekannt ist, daß 22,4 l Kohlendioxyd (v_0) bei 0° C und 760 mm B. (p_0) 44 g wiegen und wir haben nun zu berechnen, welchen Raum diese 22,4 l (44 g) bei 30° und 780 mm B. erfüllen:

$$v = \frac{22{,}4 \cdot 760\,(273 + 30)}{273 \cdot 780} = 24 \text{ Liter.}$$

Bei 30° und 780 mm B. wiegen 24 l Kohlendioxyd 44 g, folglich werden 80 l $44 \cdot 80/24 = 146{,}6$ g wiegen ($24 : 44 = 80 : x$).

9. Bei der Ausführung einer Dampfdichtenbestimmung nach der Methode von Victor Meyer enthielt das Fläschchen 0,1008 g Chloroform (Siedepunkt 61°) und wurde in eine Röhre hineingeworfen, die durch den Dampf von siedendem Wasser erwärmt wurde. Die durch den Chloroformdampf verdrängte feuchte Luft nahm einen Raum von 22 cm³ ein, die Temperatur dieser Luft betrug

16,5⁰ und der Barometerstand 707 mm. Nun beträgt der Dampfdruck des Wassers bei 16,5⁰ 14 mm, so daß der wirkliche Druck des Gases 707 — 14 = 693 mm war.

Wir haben zuerst zu bestimmen, welchen Raum 22,4 l, abgemessen bei den Nofmalverhältnissen, bei 16,5⁰ und 693 mm Druck einnehmen:

$$v = \frac{22{,}4 \cdot 760\,(273 + 16{,}5)}{273 \cdot 693} = 26 \text{ Liter}.$$

Da nun 22 cm³ = 0,022 l Chloroformdampf dem Versuche nach bei 16,5⁰ und 693 mm Druck 0,1008 g wiegen, so wird 1 l unter diesen Verhältnissen 0,1008/0,022 g, und werden 26 l (das sind unter den Normalverhältnissen 22,4 l) 0,1008/0,022 × 26 = 119 g wiegen.

Das Molekulargewicht des Chloroforms ist danach 119, während der Formel des Stoffes $CHCl_3$ (12 + 1 + 106,2) das Molekulargewicht 119,2 entspricht.

10. Wieviel Kalziumkarbonat muß erhitzt werden, um 1 l Kohlendioxyd, gemessen bei 20⁰ ($T = 273 + 20$) und 770 mm B. (p), zu erhalten?

Es ist bekannt, daß 22,4 l Kohlendioxyd unter den Normalverhältnissen 44 g ($CO_2 = 12 + 32$) wiegen und wir berechnen zuerst, welchen Raum diese 22,4 l (44 g) bei 20⁰ und 770 mm B. einnehmen:

$$v = \frac{22{,}4 \cdot 760 \cdot 293}{273 \cdot 770} = 23{,}72 \text{ Liter}.$$

Da also 23,72 l Kohlendioxyd, gemessen bei 20⁰ C und 770 mm B., 44 g wiegen, so besitzt unter denselben Verhältnissen 1 l Kohlendioxyd ein Gewicht von 44/23,72 = 1,85 g.

Aus der Gleichung $CaCO_3$ (100 g) = CO_2 (44 g) + CaO (56 g) ergibt sich, daß zur Darstellung von 44 g Kohlendioxyd 100 g Kalziumkarbonat erhitzt werden müssen, daß also zur Darstellung von 1,85 g Kohlendioxyd 100·1,85/44 (44 : 100 = 1,85 : x) = **4,2 g** Kalziumkarbonat benötigt werden.

11. Wieviel Gramm wiegen 47,44 l Kohlendioxyd bei 20⁰ ($T = 273 + 20$) und 770 mm B. (p)?

Es ist bekannt, daß 22,4 l Kohlendioxyd unter den Normalverhältnissen 44 g wiegen und wir berechnen, welchen Raum diese 44 g (22,4 l) Kohlendioxyd bei 20⁰ und 770 mm B. einnehmen.

$$v = \frac{22{,}4 \cdot 760 \cdot 293}{273 \cdot 770} = 23{,}72 \text{ Liter}.$$

Da also 23,72 l Kohlendioxyd, gemessen bei 20⁰ C und 770 mm B., 44 g wiegen, so wiegt unter diesen Bedingungen 1 Liter des Gases 44/23,72 g und 47,44 l = 44/23,72 × 47,44 = 88 g.

12. Wie groß ist das Molekulargewicht des Sauerstoffes, wenn man gefunden hat, daß 21,5 cm³ des Gases bei 19° C und 744 mm B. 28,1 mg wiegen?

Es ist bekannt, daß 22,4 l unter den Normalverhältnissen soviel Gramme wiegen, wie das Molekulargewicht angibt, und wir berechnen also zuerst, welchen Raum die 22,4 l bei 19° und 744 mm B. einnehmen:

$$v = \frac{22{,}4 \cdot 760 \cdot (273 + 19)}{273 \cdot 744} = 24{,}46 \text{ Liter.}$$

Da 21,5 cm³ = 0,0215 l Sauerstoff, gemessen bei 19° C und 744 mm B., 28,1 mg = 0,0281 g wiegen, so beträgt das Gewicht von 24,46 l (das sind unter Normalverhältnissen 22,4 l) unter denselben Druck- und Temperaturverhältnissen 0,0281/0,0215 × 24,46 = 31,96 oder rund 32 g. Das Molekulargewicht des Sauerstoffes berechnet sich daher zu 32.

Aus den letzten vier Beispielen ist zu ersehen, daß es vielfach zur Lösung von Aufgaben von großem Vorteile ist, in die Gasgleichung $\frac{v\,p}{T} = \frac{v_0\,p_0}{T_0}$ für v_0 das Gramm-Molekularvolum von 22,4 l einzusetzen. Drückt man noch überdies das Volum in Litern, den Druck p in Atmosphären aus (760 mm B. = 1 Atmosphäre, ferner z. B. 740 mm B. = 740/760 Atmosphären), so ist $p_0 = 1$ und es nimmt dann die Gasgleichung die einfache Gestalt an:

$$p\,v = \frac{22{,}4}{273}\,T = 0{,}0821\;T;$$

0,0821 nennt man die Gaskonstante und bezeichnet sie mit R, wodurch die Gasgleichung die Form erhält:

$$pv = R\,T.$$

Eine Gramm-Molekel nimmt in Gasform bei 0° und 760 mm B. den Raum von 22,4 l ein. Wenn man also ein Mol irgendeines Gases auf den Raum eines Liters bringt, so beträgt der von dem Gase ausgeübte Druck bei 0° 22,4 Atmosphären. Für $^1/_{10}$ Mol muß mithin, da die Anzahl der Molekeln auf den zehnten Teil gesunken ist, der Druck 2,24 Atmosphären betragen. Diese Zahlen bleiben unabhängig von der chemischen Natur der Gase stets dieselben.

Unter Dichte versteht man das Gewicht eines Liters des Gases bei 0° und 760 mm B. Um aus ihr und dem Molekulargewicht den Moldruck p_0 zu bestimmen, dient der Ansatz:

$$\frac{M}{d} = \frac{p_0 \text{ Atm.}}{1 \text{ Atm.}},$$

wobei M das Molekulargewicht, d die Dichte bedeutet. Daraus folgt:

$$p_0 = \frac{M}{d}.$$

Mit Hilfe dieser Werte und der Eigenschaft, daß der Druck der Anzahl der Molekeln proportional ist, läßt sich der Druck berechnen, der von einer beliebigen Substanzmenge mit bekanntem Molekulargewicht ausgeübt wird. Befinden sich z. B. von irgendeinem Gase, dessen Molekulargewicht M ist, x g im Raume eines Liters, so muß sich der von x g ausgeübte Druck zu dem Druck des Mols verhalten wie die in beiden Fällen vorhandenen Molekelnzahlen, d. h. wie $x:M$. Da der Moldruck im Liter 22,4 Atmosphären beträgt, so besteht die Beziehung $\frac{x}{M} = \frac{p}{22,4}$, wobei p den gesuchten Druck bedeutet, mithin

$$p = \frac{x}{M} \cdot 22,4.$$

Diese Werte beziehen sich auf 0°. Um sie auf beliebige Temperaturen auszudehnen, verwendet man das Gay-Lussacsche Gesetz

$$p = p_0 (1 + at).$$

Ein Beispiel möge den Gebrauch der Formel veranschaulichen: Es sei der Druck zu berechnen, den 2 g Sauerstoff im Raume eines Liters bei 20° C ausüben.

Da das Molekulargewicht des Sauerstoffes 32 ist, so üben 32 g (1 Mol) dieses Gases im Liter bei 0° einen Druck von 22,4 Atmosphären aus. Wir haben also die Gleichung $\frac{2}{32} = \frac{p}{22,4}$ und $p = \frac{44,8}{32} = 1,4$. Der Druck von 2 g Sauerstoff im Liter ist also bei 0° 1,4 Atmosphären und bei 20° C:

$$p = 1,4 \left(1 + \frac{1}{273} \cdot 20\right) = 1,5 \text{ Atmosphären.}$$

Arbeit, Energie.

Die physikalischen und chemischen Vorgänge sind Bewegungen oder werden wenigstens als Bewegungen aufgefaßt. Verschiedene Körper setzen dem Versuch, sie in Bewegung zu setzen, je nach ihrer Größe oder der stofflichen Natur derselben, sehr verschiedene Widerstände entgegen. Dieser Widerstand der Körper gegen die Bewegung wird Masse genannt. Die Masse eines Körpers wird also bestimmt durch sein Verhalten gegenüber bewegenden Ursachen. Nennen wir die Ursache einer Geschwindigkeitsänderung Kraft, so ist es klar, daß eine größere Masse durch ein und dieselbe Kraft eine geringere Geschwindigkeitsänderung erhalten wird als eine kleinere Masse. Das Produkt aus Masse und Geschwindigkeitsänderung wird jedoch in beiden Fällen dasselbe sein. Kraft ist also das Produkt aus Masse und Beschleunigung des Körpers, auf den sie wirkt:

$$K = mB$$

und

$$m = \frac{K}{B}.$$

Masse eines Körpers ist daher das Verhältnis der Kraft zu der Beschleunigung, die sie ihm erteilt. Beim freien Fall ist die wirkende Kraft das Gewicht des fallenden Körpers. Bezeichnet G das Gewicht des fallenden Körpers und g die Beschleunigung, also die Geschwindigkeitszunahme in der Sekunde, die beim freien Falle etwa 10 m (genauer 9,81 m) beträgt, so ist der physikalische Ausdruck für die Masse $m = G/g$, d. h. die Masse ist der Quotient aus Gewicht und Beschleunigung.

Die Ursache der Geschwindigkeitsänderung nennen wir also Kraft. Eine Kraft ist gleich einem bestimmten Gewicht, wenn ihre Wirkung durch dieses aufgehoben wird. Wenn eine Kraft einen Körper bewegt, so sagt man sie arbeite. Das Resultat ihrer Wirkung nennt man Arbeit. Wenn man 1 kg 1 m hoch vom Boden hebt, so wird eine Arbeit von ganz bestimmter Größe geleistet. Diese Arbeit wird offenbar verdoppelt, wenn man 2 kg 1 m oder auch 1 kg 2 m hoch hebt. Hebt man 3 kg 2 m hoch, so verrichtet man eine 6mal so große Arbeit. Die Größe der Arbeit ist gleich dem Produkte aus der Kraft und dem zurückgelegten Wege. Die Maßeinheit für die Arbeit ist das Meterkilogramm (mkg), das ist die Arbeit, die verrichtet wird, wenn eine Last von 1 kg 1 m hoch gehoben, überhaupt ein Widerstand von 1 kg auf einem Wege von 1 m überwunden wird.

Es ist zu beachten, daß in dem physikalisch festgelegten Begriff der Arbeit die Zeit nicht enthalten ist. Die Größe der Arbeit bleibt dieselbe, in welcher Zeitdauer man sie auch verrichtet.

Durch Einführung der Zeit entsteht ein neuer Begriff, der Effekt. Darunter versteht man die in der Zeiteinheit geleistete Arbeit. Im praktischen Maschinenbetrieb dient als Einheit gewöhnlich die Pferdekraft oder Pferdestärke (PS), nämlich die Arbeit von 75 mkg in 1 Sekunde. Alle Arbeiten sind dadurch gekennzeichnet, daß dazu etwas verbraucht wird und daß eine Leistung irgendwelcher gewünschter Art entsteht. Wir können an jedem derartigen Vorgang einerseits die Maschine, welche die Leistung in der gewünschten Form vermittelt, unterscheiden von dem Arbeitsvorrat oder der Arbeitsquelle, ohne deren Vorhandensein die Maschine überhaupt nicht in Tätigkeit gelangen würde.

Diese Arbeitsquelle oder diesen Arbeitsvorrat nennt man Energie. Sie hat die besondere Beschaffenheit, daß sie sich in Arbeit aller Art verwandeln läßt, aber nur unter der Voraussetzung, daß eine entsprechende Menge von ihr für die Arbeit verbraucht wird. Die Energie ist also etwas, das entweder selbst Arbeit ist oder in Arbeit übergeführt werden oder endlich aus Arbeit irgendwelcher Art gewonnen werden kann. Das Maß der Energie ist also dasselbe wie das der Arbeit, nämlich das Meterkilogramm. Ein Körper besitzt die Energie von x mgk heißt also, er kann eine Arbeit von x mkg verrichten, wo x irgendeine Zahl bedeutet.

Die Zustände, in denen Körper Arbeitsmöglichkeit, Energie besitzen, können verschiedener Art sein. Infolgedessen unterscheidet man auch verschiedene Formen der Energie. Wir betrachten zunächst die mechanische Energie. Sie betätigt sich überall dort, wo die Körper sich gegeneinander bewegen, z. B. wenn Maschinenteile sich drehen. Sie betätigt sich auch bei den Muskelzusammenziehungen unseres Körpers, beim Schreiben, Schlagen und all den anderen räumlichen Betätigungen unserer Körpermaschine.

Hebt man einen Körper vom Gewichte G (G bedeutet irgendeine Anzahl kg) auf die Höhe H (H bedeutet irgendeine Anzahl m), so kann dies nur geschehen durch eine Arbeit. Diese ist das Produkt aus Kraft und Weg, in diesem Falle also GH mkg. Befestigt man den Körper in der neuen Lage an einer Schnur, die über eine Rolle gelegt ist, so kann er, wenn er aus der Höhe H in seine frühere Lage zurückfällt, auf der anderen Seite der Rolle einen anderen Körper von gleichem Gewicht auf seine eigene Höhe heben. Der Körper besitzt also in der Höhe H Arbeitsmöglichkeit oder Energie. Man nennt diese Form ruhende Energie oder Energie der Lage. Die Arbeit ist in dem Körper gewissermaßen aufgespeichert worden, sie kann von ihm in jedem Augenblick wieder zurückgegeben werden, sie ist zur Arbeitsmöglichkeit, zur potentiellen Energie geworden.

Sie ist von großer Bedeutung bei gehobenem Wasser. Dieses vermag Arbeit zu leisten, wenn es von einem höheren auf ein tieferes Niveau fällt. 1 m^3 Wasser (1000 kg), das 3 m hoch herabfallen kann, besitzt eine Energie der Lage von 3000 mkg. Denken wir uns einen Wasserfall, der in der Sekunde 1 m^3 Wasser 3 m hoch herabfallen läßt. Dieser verrichtet in der Sekunde eine Arbeit von 3000 mgk. Das ist ein Effekt von 40 Pferdestärken. Daraus ist ersichtlich, welche große Arbeitsfähigkeit in den Wasserfällen steckt.

Wenn wir also einen schweren Stein auf ein Dach hinauftragen und hinlegen, oder wenn wir ein Wasserreservoir auf einem Berg anlegen, so ist der Stein auf dem Dache nicht mehr physikalisch derselbe Stein, den wir unten weggenommen haben, das Wasser im Gebirge ist nicht mehr dasselbe Wasser, nachdem es ins Tal abgeflossen ist. Im Abfließen kann das Wasser Arbeit oder Energie liefern. Das gleiche könnte ein vom Dache niederprasselnder Steinhagel leisten.

Es hat also jede Masse, ohne sich sonst physikalisch zu verändern, nur durch die Besonderheit ihrer Lage gegenüber anderen Massen, also in unserem Beispiele gegenüber der Erde, die Fähigkeit erlangt, Arbeit zu leisten. Jene Fähigkeit heißt Energie, und zwar in den eben besprochenen Fällen Lagenenergie oder potentielle (mögliche) Energie.

Es gibt noch eine andere Form der potentiellen Energie. Ein Uhrwerk, das durch Gewichte getrieben wird, wird dadurch aufgezogen, daß man diese in die Höhe hebt, also eine Arbeit verrichtet. Das Gewicht besitzt in der Höhenlage Energie. Es kann Arbeit verrichten, die darin besteht, daß es während seines Falles das Räderwerk treibt. Uhren können aber auch durch Federn getrieben werden. Das Aufziehen geschieht dann dadurch, daß man die Feder spannt und dadurch eine Arbeit leistet. Es wird eine Umdrehung ausgeführt, also ein Weg zurückgelegt. Dabei wird durch die Muskelkraft der Widerstand der zu spannenden Feder überwunden. Die Größe der aufgewandten Arbeit ist wiederum Kraft mal Weg. Diese Arbeit wird aufgespeichert in der gespannten Feder. Dadurch also, daß man die Gestalt der Feder ändert, macht man sie zu einem Vorratsbehälter oder Akkumulator für Energie. Tatsächlich wird also die Uhr nicht von der Kraft der Feder, sondern sie wird von menschlicher Arbeit getrieben. Der Unterschied zwischen diesem und dem vorhergehenden Falle liegt darin, daß die Arbeitsmöglichkeit hier nicht in einer Höhenlage, sondern in der Elastizität begründet ist. Man nennt diese Art potentieller Energie Formenergie oder auch Elastizität. Sie bedingt bei den festen oder starren Körpern, daß sie ihre Gestalt beibehalten, so lange diese nicht durch irgendwelche andere Kräfte oder Ursachen verändert wird. Dieselbe Form der Energie steckt z. B. in einem gespannten Bogen.

Alle diese Formen mechanischer Energie haben das Gemeinsame, daß sie Eigenschaften ruhender Körper sind. Von der ruhenden, potentiellen Energie unterscheidet man die Energie der Bewegung oder die kinetische Energie. Die ruhende Energie muß sich in Bewegungsenergie umwandeln, wenn sie Arbeit verrichten soll.

Die gespannte Sehne der Armbrust muß sich in Bewegung setzen, um den Bolzen fortzuschleudern. Das emporgehobene Wasser muß von seiner Höhe herabfallen, wenn es Arbeit leisten soll. Hier verwandelt sich potentielle in kinetische Energie. Alle physikalischen Erfahrungen zeigen, daß, wo immer potentielle Energie verschwindet, die genau gleich große kinetische Energie auftritt, und umgekehrt. Der Stein, der auf dem Dache eine bestimmte Menge potentieller Energie hatte, verliert diese im Fallen; sie wird immer kleiner, je mehr der Stein zur Erdoberfläche herunterkommt. Dafür wird aber in demselben Maße die kinetische Energie (die Bewegung) immer größer. Nehmen wir nun statt des Steines eine ideal elastische Kugel, so wird diese beim Anprall auf der Erde immer wieder in dieselbe

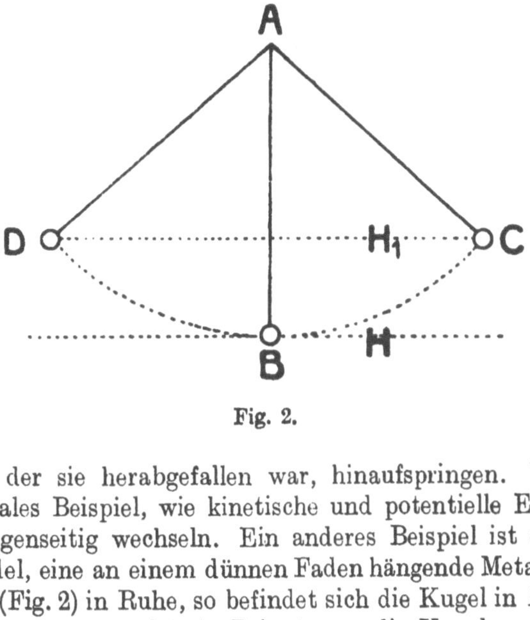

Fig. 2.

Höhe, von der sie herabgefallen war, hinaufspringen. Wir hätten hier ein ideales Beispiel, wie kinetische und potentielle Energie fortwährend gegenseitig wechseln. Ein anderes Beispiel ist ein schwingendes Pendel, eine an einem dünnen Faden hängende Metallkugel. Ist das Pendel (Fig. 2) in Ruhe, so befindet sich die Kugel in B senkrecht unter dem Aufhängepunkt A. Bringt man die Kugel aus der Ruhelage nach C, so leistet man durch Heben der Kugel vom Niveau H auf das Niveau H_1 eine Arbeit. Im Punkte C besitzt die Kugel die dieser Arbeit entsprechende potentielle Energie. Läßt man die Kugel los, so setzt sie sich in Bewegung, die potentielle Energie verwandelt sich in kinetische. In B besitzt sodann die Kugel keine potentielle Energie mehr, denn sie ist ja wieder bis zum Niveau H gefallen. Es hat sich demnach alle potentielle Energie in kinetische umgewandelt. Mit der im Punkte B erreichten kinetischen Energie steigt die Kugel, bis sie im Punkte D wieder das Niveau H_1 erreicht hat und dort dieselbe potentielle Energie erlangt, die sie im Punkte C besessen hatte. Die kinetische Energie der Kugel, die im Punkte B ihren größten Wert erreicht hatte, hat sich also durch Heben der Kugel vom Niveau H wieder auf das Niveau H_1 im Punkte D in die gleich große potentielle Energie zurückverwandelt.

Die potentielle Energie hat sich also in einen gleichen Betrag von kinetischer Energie verwandelt. Aus diesem Betrag ist die ursprüngliche potentielle Energie wieder gewonnen worden. Die Größe der Energie, die durch Meterkilogramm ausgedrückt werden kann, hat sich also bei der Umwandlung von potentieller in kinetische Energie und umgekehrt unverändert erhalten. Also auch hier zeigt sich das Erhaltungsgesetz der Energie.

Da oben die kinetische Energie zur potentiellen in Beziehung gesetzt wurde, so liegt es nahe, auch die Bewegungsenergie zu untersuchen, welche in einem schweren oder mit Masse ausgestatteten Körper vermöge der Geschwindigkeit enthalten ist, mit der er sich bewegt. Eine fliegende und eine ruhende Kugel sind physikalisch nicht identisch. Es steckt in der Bewegung einer Masse Bewegungsenergie oder kinetische Energie. Die Wirkung einer abgeschlossenen Kugel, die Wucht von strömendem Wasser oder stark bewegter Luft sind als Beispiele anzuführen. Die Größe der Energie eines bewegten Körpers wird durch den Bruch $\frac{G \cdot c^2}{2g}$ dargestellt, wobei G das Gewicht des Körpers bezeichnet, c die Endgeschwindigkeit und g die Geschwindigkeitszunahme in der Sekunde oder die Beschleunigung (sie beträgt beim freien Falle etwa 10 m). Führt man an Stelle von $\frac{G}{g}$ die Bezeichnung der Masse m ein, so gewinnt der Ausdruck $\frac{G \cdot c^2}{2g}$ die Form $\frac{m c^2}{2}$. Die Wirksamkeit oder die Energie einer bewegten Masse ist demnach gleich dem halben Produkt aus der Masse und dem Quadrat der Geschwindigkeit. Man nennt diesen Ausdruck die Wucht des bewegten Körpers.

Wir können jetzt das Meterkilogramm auch als Maß für die kinetische Energie verwenden. Einige Beispiele mögen dies erläutern.

Ein Geschoß von 40 g (0,04 kg) erreiche mit einer Geschwindigkeit von 500 m das Ziel. Nach der Formel beträgt die Energie $\frac{0{,}04 \cdot 500^2}{2 \cdot 10} = 500$ mkg. Das Geschoß kann eine Arbeit von 500 mkg verrichten.

Bei der Ausführung des nächsten Beispieles muß berücksichtigt werden, daß ein Körper, wie Versuche ergeben haben, in 1 Sekunde 5, in 2 Sekunden $2^2 \cdot 5 = 20$, in 3 Sekunden $3^2 \cdot 5 = 45$, in 4 Sekunden $4^2 \cdot 5 = 80$ m fällt usw. Dabei beträgt die Fallgeschwindigkeit am

Ende der ersten Sekunde 10 m, am Ende der 2. Sekunde 20 m, am Ende der 3. Sekunde 30 m usw., d. h. $c = gt$. g ist, wie uns bekannt, 10 m.

Ein 20 kg schwerer Stein liege 45 m hoch. Seine potentielle Energie beträgt demnach $20 \cdot 45 = 900$ mkg. Er fällt nun eine Sekunde lang. Er durchmißt daher dabei eine Strecke von 5 m. Seine potentielle Energie beträgt jetzt noch, da er 5 m tiefer wie früher liegt, $20 \cdot 40 = 800$ mkg. Er hat aber am Ende der 1. Sekunde eine Geschwindigkeit von 10 m erreicht. Infolgedessen besitzt er gemäß der Formel $\frac{G c^2}{2 g}$ eine kinetische Energie von $\frac{20 \cdot 10^2}{2 \cdot 10} = 100$ mkg. Die Gesamtenergie ist die ursprüngliche, nämlich $800 + 100 = 900$ mkg. Der Körper falle jetzt aus seiner ursprünglichen Lage 2 Sekunden lang, wobei er also einen Fallraum von $2^2 \cdot 5 = 20$ m durchmißt. Die potentielle Energie beträgt dann noch ($45 - 20 = 25$ m) $20 \cdot 25 = 500$ mkg. Er hat am Ende der 2. Sekunde eine Geschwindigkeit (c) von 20 m erreicht. Das gibt eine kinetische Energie von $\frac{20 \cdot 20^2}{2 \cdot 10} = 400$ mkg. Die Gesamtenergie beträgt wiederum $500 + 400 = 900$ mkg. Fällt der Körper 3 Sekunden lang, so hat er die ganze Höhe ($3^2 \cdot 5 = 45$ m) durchmessen. Er besitzt dann keine potentielle Energie mehr. Dafür hat er jetzt eine Geschwindigkeit (c) von 30 m erlangt. Das ergibt eine kinetische Energie von $\frac{20 \cdot 30^2}{2 \cdot 10} = 900$ mkg. Es ergibt sich hieraus, daß der Körper beim Fallen soviel an kinetischer Energie gewinnt als er an potentieller verliert und daß in jedem Punkte seiner Bahn die Gesamtenergie dieselbe ist.

Der osmotische Druck.

Alle Gase besitzen die Fähigkeit, sich von selbst miteinander zu vermischen. Wenn man z. B. Sauerstoff und Wasserstoff vorsichtig übereinander schichtet, so daß der leichtere Wasserstoff sich über dem schwereren Sauerstoff befindet, so erfolgt nach kurzer Zeit die Mischung der beiden Gase von selbst in vollständiger Weise. Der Wasserstoff senkt sich also nach unten, der Sauerstoff steigt nach oben, entgegen den Wirkungen der Schwerkraft.

Wird eine Flasche, die Ammoniak enthält, geöffnet, so wird, auch bei fast unbewegter Luft, der Geruch des Ammoniaks nach einiger Zeit auch in beträchtlicher Entfernung von der Flasche sich bemerklich machen. Es müssen also die Gasmolekeln eine eigene Bewegungsfähigkeit besitzen und ferner muß der Zwischenraum zwischen den einzelnen Molekeln im Verhältnis zu ihrer Größe so beträchtlich sein, daß die zwischen den Molekeln herrschenden Anziehungskräfte diese Beweglichkeit nicht im nennenswerten Umfange zu hemmen vermögen. Man bezeichnet die selbsttätige Mischung verschiedener Gase als die Diffusion der Gase. Die Diffusion legt es uns also nahe, eine Beweglichkeit der Gasmolekeln anzunehmen. Wenn nun die Molekeln sich in einem geschlossenen Gefäße bewegen, so müssen sie auch gegen die Wandungen des Gefäßes anprallen. Ist die Wandung starr, so werden die Molekeln wie elastische Kugeln zurückgeworfen; ist sie nachgiebig, dehnbar oder verschiebbar, so tritt eine Volumvergrößerung der Gase ein, es tritt also eine Druckwirkung auf. Der Druck läßt sich also zurückführen auf Stöße bewegter Molekeln und es zeigt sich, daß nicht nur allgemeine Vorstellungen, sondern auch zahlenmäßige Beziehungen durch die Annahme der bewegten Molekeln gewonnen werden können. Die theoretische Lehre, welche sich auf diese Anschauungen aufbaut, bezeichnet man als die kinetische Gastheorie (gr. kinéo, ich bewege).

Die festen Körper zeigen bei ihrer Auflösung eine der Diffusion der Gase ähnliche Erscheinung. Wenn man einen festen Körper mit einer Flüssigkeit zusammenbringt, in welcher er löslich ist, so verteilt er sich in derselben nach einiger Zeit völlig gleichmäßig. Die Molekeln des gelösten Körpers wandern innerhalb des Lösungsmittels entgegen der Schwerkraft nach allen Richtungen, bis die homogene Mischung, das Endziel der Diffusion, erreicht ist. Wenn wir die bei den Gasen angewandten Anschauungen auf die flüssigen Lösungen übertragen, so müssen wir den Molekeln der in Lösung befindlichen festen Körper eine eigene Beweglichkeit wie den Gasmolekeln zuschreiben und auch sämtliche Folgerungen ziehen, die wir aus der Bewegung der Gasmolekeln gezogen haben. Dazu gehört in erster Linie die Erklärung des Gasdrucks aus den Stößen, welche die bewegten Gasmolekeln gegen die sie einschließenden Wandungen ausüben. Wir müssen folgern, daß auch die Molekeln der gelösten festen Körper bei ihren Bewegungen Stöße gegen die Wandungen der die Lösung enthaltenden Gefäße ausführen und daß diese Stöße einen Druck hervorrufen. Bei den Gasen äußert sich dieser Druck als ein Bestreben der Molekeln, den ihnen zur Verfügung stehenden Raum zu vergrößern. Für die Molekeln der gelösten festen Substanzen ist der Raum aber, den sie einnehmen, an die Menge des Lösungsmittels gebunden. Ein Druck der gelösten Molekeln, der diesen Raum zu vergrößern sucht, wird gegen die Oberfläche des Lösungsmittels gerichtet sein, welche wie eine die Gase einschließende starre Wand wirkt. Nun befinden sich aber die Oberflächenschichten von Flüssigkeiten in einem Zustande der Spannung, vermöge deren sie sich zu verkleinern streben, der Oberflächenspannung, welche einen nach dem Innern der Lösung gerichteten

Druck darstellt, der an Größe jeden möglichen, gegen die Oberfläche wirkenden Druck gelöster, fester Stoffe übertrifft. Es ist also ersichtlich, daß man bei Lösungen eine Druckwirkung unmittelbar nicht bemerken kann. Es ist aber klar, daß ein etwa vorhandener Druck sichtbar gemacht werden kann, wenn man unter Vermeidung der Oberflächenspannung der Lösung die Möglichkeit gibt, das Volum des Lösungsmittels zu vergrößern, ohne daß die Menge der gelösten Substanz sich ändert.

Dieses erreichen wir mit dem in Fig. 3 abgebildeten Apparate. In einem Zylinder befindet sich ein beweglicher Stempel. Unterhalb des Stempels befindet sich die Lösung *Z*, oberhalb das reine Lösungsmittel *W*, welches in diesem Falle den zur Ausdehnung den Gasen zur Verfügung stehenden Raum darstellt. Dadurch, daß der Stempel aus porösem Ton besteht, ist die Oberflächenspannung an den Wandungen aufgehoben. Damit nun die Stöße der in der Lösung befindlichen Molekeln gegen den beweglichen Stempel zu der Volumvergrößerung, d. h. zu der Vermehrung des Lösungsmittels führen kann, muß der Stempel so beschaffen sein, daß seine Poren wohl das Lösungsmittel, nicht aber die gelöste Substanz hindurchlassen. Eine solche „halbdurchlässige" (semipermeable) Wand erhält man, wenn man in den Poren des aus porösem Ton hergestellten Stempels durch vorheriges Einlegen in eine Kupfervitriollösung und nachheriges Zusammenbringen mit einer Lösung von Ferrozyankalium unlösliches Ferrozyankupfer niederschlägt:

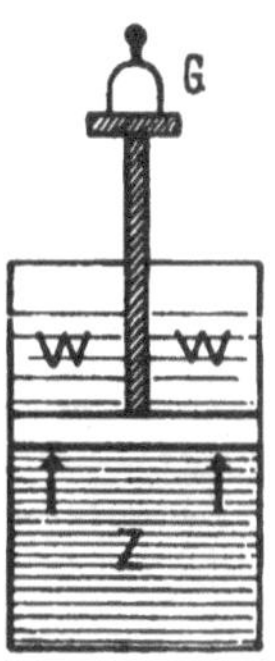

Fig. 3.

$$2\,CuSO_4 + K_4Fe(CN)_6 = Cu_2Fe(CN)_6 + 2\,K_2SO_4.$$

Die Molekeln der gelösten Substanz, die gegen einen so präparierten Tonstempel stoßen, können die Poren nicht passieren und suchen also den Stempel zu verschieben. Da jedoch das Wasser (*W*) ungehindert durch den Stempel hindurchfließen kann, so ist eine Verschiebung des Stempels durch den Druck der Molekeln der gelösten Substanz mit der notwendigen Volumvergrößerung, d. h. der Vermehrung des Lösungsmittels in diesem Falle, verbunden. Ist also ein Druck in der Lösung vorhanden, welche ihr Volum zu vergrößern strebt, so wird reines Lösungsmittel durch die halbdurchlässige Wand eintreten und den Stempel heben. Verhindert man den Stempel am Aufsteigen durch Auflegen eines Gewichtes (*G*), so entspricht dieses Gewicht dem Drucke der Molekeln des gelösten Stoffes. Erhöht man den Gegendruck, so dringt wohl Wasser, nicht aber der gelöste feste Stoff durch den Stempel nach oben, die Lösung wird konzentriert; vermindert man den Gegendruck, so wird der Stempel nach oben getrieben, Wasser geht nach unten hindurch und die Lösung wird verdünnt. Die feste, in Lösung befindliche Substanz verhält sich also genau so, als ob sie den Raum allein als Gas einnähme und darüber sich ein Vakuum befände.

Derartige Versuche sind von Pfeffer (1877) zuerst angestellt worden. Der von ihm benutzte Apparat ist in Fig. 4 schematisch dargestellt. Die Wandung der aus porösem Ton hergestellten Zelle enthielt in ihren Poren Ferrozyankupfer eingelagert und bildete also eine halbdurchlässige Membran. In dem seitlichen Tubus der Zelle wurde ein Quecksilbermanometer *M* angebracht, dessen freier Schenkel zugeschmolzen war. Der Apparat wurde nun, nachdem er mit der zu prüfenden Lösung vollständig gefüllt und fest verschlossen war, in ein größeres, Wasser enthaltendes Gefäß *G* eingesenkt. Das Wasser drang in die Zelle ein und drückte das Quecksilber des Manometers allmählich in die Höhe. Mehrere Wochen vergingen, ehe es den Maximalstand erreicht hatte. Von diesem Momente an hielt der Druck der im verschlossenen Manometerschenkel komprimierten Luft demjenigen, mit welcher die Molekeln des gelösten Stoffes das Volum der Lösung zu vergrößern streben und den man den osmotischen Druck (griech. ósmós, Stoß) nennt, das Gleichgewicht. Pfeffer war auf diese Weise imstande, den osmotischen Druck nach Atmosphären zu messen, also anzugeben, mit welcher Kraft die Molekeln des gelösten Stoffes auf ein Flächenstück der Zellwand drücken, welches dem Querschnitt des Manometerrohres gleich ist.

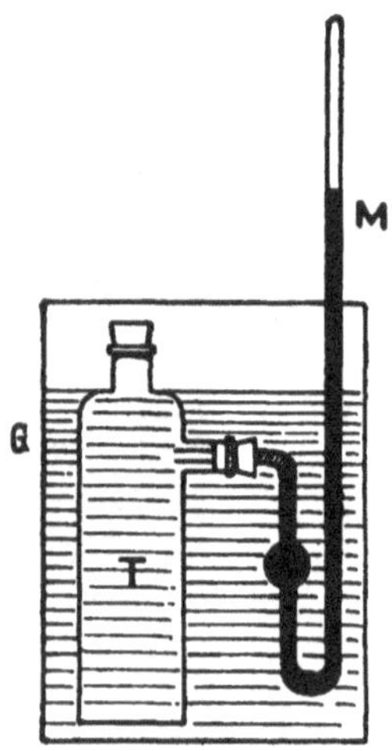

Fig. 4.

Bei seinen Versuchen mit Zuckerlösungen und Lösungen anderer Stoffe von verschiedener Konzentration und bei verschiedenen Temperaturen fand Pfeffer, daß der osmotische Druck nahezu proportional der Konzentration ist und in derselben Weise genau wie bei Gasen mit der Temperatur steigt.

Es ist uns bekannt, daß ein Mol eines gasförmigen Stoffes unter den Normalverhältnissen den Raum von 22,4 l einnimmt. Wenn man also ein Mol irgendeines Gases auf den Raum eines Liters bringt, so wird der von dem Gase ausgeübte Druck bei 0^0 22,4 Atmosphären betragen.

Die Anwendung des Gay-Lussacschen Gesetzes

$$p_t = p_0 (1 + a t)$$

ergibt den Druck eines im Liter befindlichen Mols im Gaszustande bei 22,5°

$$p = 22{,}4 \left(1 + \frac{1}{273} \cdot 22{,}5\right) = 24{,}24 \text{ Atmosphären.}$$

Löst man ein Mol Zucker ($C_{12}H_{22}O_{11} = 342$), also 342 g in 1 l Wasser, so beträgt der osmotische Druck dieser Lösung bei 22,5° 24,24 Atmosphären. Das Mol eines jeden gasförmigen Stoffes nimmt bei 22,5° und dem Druck von 24,24 Atmosphären den Raum von 1 l ein. Wir sehen also, daß der gelöste Stoff sich geradeso verhält, als ob das Lösungsmittel gar nicht vorhanden wäre, und er diesen Raum als Gas erfüllte.

Es gilt demnach auch für Lösungen die Hypothese von Avogadro: Wenn bei gleicher Temperatur der osmotische Druck zweier gelöster Stoffe gleich groß ist, so enthalten sie in gleichen Räumen gleich viel Molekeln; die in 1 l z. B. enthaltenen Mengen geben das Verhältnis ihrer Molekulargewichte an. Die Aufklärung dieser Verhältnisse, diese Erweiterung der Avogadroschen Hypothese, verdanken wir Raoult und Van't Hoff.

Jeder gelöste, feste Stoff besitzt einen osmotischen Druck, welcher gleich dem ist, den der gelöste feste Stoff ausüben würde, wenn er vollständig als Gas in dem durch die Menge des Lösungsmittels gegebenen Volum eingeschlossen wäre (Gesetz von Van't Hoff).

Mit Beziehung auf Druck, Temperatur und Volum ist also die Analogie zwischen Gasen und festen Substanzen in verdünnten Lösungen eine vollständige und wir können offenbar das Molekulargewicht einer in Lösung befindlichen festen Substanz durch gleichzeitige Beobachtung ihres Gewichtes, ihrer Temperatur, ihres Volums und osmotischen Druckes bestimmen.

Der Versuch ergab z. B., daß eine einprozentige Lösung von Rohrzucker bei 32° einen osmotischen Druck von 544 mm hatte. 1 g oder 1000 mg Rohrzucker nahmen hierbei nahezu 100 cm³ Raum ein.

Wir haben also zuerst zu berechnen, welchen Raum 22,4 cm³ Rohrzucker, als Gasmenge betrachtet und abgemessen bei 0° und 760 mm Druck, bei 32° und 544 mm Druck einnehmen:

$$v = \frac{22{,}4 \times 760 \times (273 + 32)}{273 \times 544} = 34{,}6 \text{ cm}^3.$$

Da also 1000 mg (1 g) Zucker, als Gas betrachtet, bei 32° und 544 mm Druck einen Raum von 100 cm³ einnehmen, so nehmen

10 mg Zucker 1 cm³ Raum ein und 346 mg Zucker den Raum von 34,6 cm³. Unter den Normalverhältnissen erfüllen daher 346 mg Zucker, als Gas betrachtet, einen Raum von 22,4 cm³.

Das in Milligramm ausgedrückte Gewicht einer Gasmenge, welche unter den Normalverhältnissen 22,4 cm³ erfüllt, ist das Molargewicht des Gases. Dasselbe ist also 346 mg und das Molekulargewicht des Zuckers ist demgemäß 346, während dasselbe, aus der Formel des Rohrzuckers $C_{12}H_{22}O_{11}$ berechnet, 342 ergibt.

Die Berechnung des Molekulargewichtes des Rohrzuckers aus den obigen Daten, nach welchen eine einprozentige Zuckerlösung bei 32° einen osmotischen Druck von 544 mm hatte, läßt sich auch folgendermaßen ausführen:

Nach dem Gay-Lussacschen Gesetze ist

$$p_t = p_0(1 + \alpha t)$$

und

$$p_0 = \frac{p_t}{1 + \alpha t} = \frac{544}{1 + 0{,}00366 \cdot 32} = \frac{544}{1{,}117} = 487 \text{ mm};$$

für 0° berechnet sich also der osmotische Druck einer einprozentigen Zuckerlösung zu 487 mm B. Daraus berechnet sich auf Grund der Proportionalität zwischen dem osmotischen Druck und der Konzentration:

$$B : g = \text{1 Atmosphäre} : g_1,$$

$$487 : 1 = 760 : x, \quad x = 1{,}56,$$

d. h. beim Druck einer Atmosphäre oder beim normalen Barometerstande von 760 mm enthalten 100 cm³ der Lösung 1,56 g Zucker. In 1 l sind daher bei 0° und 760 mm B. 15,6 g und in 22,4 l 15,6 × 22,4 = 349,4 g Zucker enthalten. Die unter den Normalverhältnissen in 22,4 l eines Gases enthaltene Anzahl von Grammen ist das Molargewicht des betreffenden Stoffes; folglich ergibt die Berechnung für den Rohrzucker 349,4 als Molekulargewicht.

Diese Methode zur Bestimmung des Molekulargewichtes fester, in Lösung befindlicher Stoffe wäre sehr bequem und genau; aber die Messung des osmotischen Druckes ist mit Schwierigkeiten verbunden, weil die Herstellung haltbarer semipermeabler Membranen nur schwer gelingt. Es stehen jedoch andere Eigenschaften von Lösungen fester Stoffe in so enger zahlenmäßiger Beziehung zum osmotischen Druck, daß man sie statt seiner benutzten kann. Offenbar steht der Dampfdruck einer Lösung in direkter Beziehung zum osmotischen Druck. Da nämlich der osmotische Druck eine Vermehrung des Lösungsmittels anstrebt, während die Verdampfung das Volum der Flüssigkeit verringert, so wird der osmotische Druck einer Lösung die Verdampfung des Lösungsmittels hemmen. Es wird also das reine Lösungsmittel einen größeren Dampfdruck besitzen als die Lösung.

Wie die von Raoult experimentell ermittelten Gesetze des Dampfdruckes, welche in enger Beziehung zum osmotischen Druck stehen, zur Bestimmung des Molekulargewichtes eines gelösten festen Stoffes führen, wird im nächsten Abschnitte gezeigt werden.

Jede Wandung einer lebenden Zelle ist eine halbdurchlässige Membran, welche die Fähigkeit besitzt, Wasser hindurchzulassen, den gelösten Substanzen aber den Durchgang zu versperren. Diese Membrane sind von größter Bedeutung für den Haushalt der Natur; sie befähigen die Zelle zur Wasseraufnahme oder Wasserabgabe ohne einen Verlust der gelösten Substanzen, die oft als Nährstoff für ihr Leben oder als Material ihres Wachstums den Zellen notwendig sind. Die Erscheinungen des osmotischen Druckes besitzen also die größte Bedeutung für die wichtigsten Lebensvorgänge der Pflanzen und Tiere. So ist der osmotische Druck die treibende Kraft, die in den Pflanzen das Wasser entgegen der Schwerkraft von den Wurzelspitzen bis in die äußersten Spitzen der Blätter treibt und im tierischen Organismus eine der Ursachen, die den fortwährenden Flüssigkeitsaustausch im Blut, in den Geweben und in den einzelnen Organen veranlaßt. Die Zellen des menschlichen Körpers enthalten gelöste Stoffe und haben infolgedessen einen merklichen osmotischen Druck. Wäscht man eine Wunde mit reinem Wasser aus, so saugen die Zellen, deren Wände halbdurchlässig sind, Wasser auf, wodurch sie platzen und neue Blutungen entstehen. Um diese zu vermeiden, muß man also mit Lösungen von demselben osmotischen Druck wie die Zellflüssigkeit auswaschen. Eine solche Lösung ist die zweiprozentige Borsäurelösung oder eine etwa einprozentige Kochsalzlösung (7—9 g im Liter). Das Ausspülen der Nase mit reinem Wasser verursacht Schmerzen, die aber nicht auftreten, wenn man eine einprozentige Kochsalzlösung, die denselben osmotischen Druck wie der Zelleninhalt besitzt, verwendet.

Die Gesetze des Dampfdruckes der Lösungen.

Die im Barometerrohr gemessene Depression des Quecksilbers fällt tatsächlich geringer aus, wenn in der Flüssigkeit eine Substanz gelöst ist. Die sich auf die Dampfdruckverminderung der Lösungen beziehenden Gesetze sind von Raoult (1888) experimentell ermittelt worden.

Die relative Dampfdruckverminderung ist $p - p_1/p$, wenn p und p_1 die Dampfdrucke des reinen Lösungsmittels beziehungsweise der Lösung bezeichnen. Sie wächst der Menge der gelösten Substanz proportional, falls die Konzentrationen nicht zu groß sind, und ist von 0° bis 20° von der Temperatur unabhängig.

Bezieht man sie diesem Proportionalitätsgesetz gemäß auf 1 Mol Substanz, die in 100 g Lösungsmittel gelöst wäre, so erhält man die molekulare Dampfdruckverminderung

$$\frac{p - p_1}{p} \cdot \frac{m}{g},$$

wenn g die zum Versuch verwendete Substanz in Grammen und m ihr Molekulargewicht ist. Die molekulare Dampfdruckverminderung ist für die Lösungen der verschiedenen Substanzen in demselben Lösungsmittel konstant, also auch wie der osmotische Druck nur durch die vorhandene Anzahl der Molekeln bedingt.

Berechnet man, indem man die Gewichtsmengen der Substanz (g) und des Lösungsmittels (G) durch die zugehörigen Molekulargewichte (m und M) dividiert, die Anzahl n und N ($g/m = n$ und $G/M = N$) der Molekeln beider, so besteht für alle Lösungsmittel die Gleichung

$$\frac{p - p_1}{p} = \frac{n}{N + n}, \tag{1}$$

d. h. die relative Dampfdruckverminderung ist für alle Lösungsmittel gleich dem Verhältnis der Anzahl der Molekeln der Substanz zu der Gesamtzahl der in der Lösung vorhandenen Molekeln der Substanz und des Lösungsmittels. Auf Grund dieser Formel kann das Molekulargewicht m der gelösten Substanz berechnet werden:

Setzt man in die Gleichung (1) für n und N die entsprechenden Werte g/m und G/M, so erhält man

$$\frac{p - p_1}{p} = \frac{g/m}{G/M + g/m};$$

durch Multiplikation von Zähler und Nenner des zweiten Bruches der Gleichung mit Mm erhält man:

$$\frac{p - p_1}{p} = \frac{gM}{Gm + gM};$$

die Gleichung mit $p\,(Gm + gM)$ multipliziert, ergibt:

$$(p - p_1)\,(Gm + gM) = pgM;$$

die weitere Ausführung ergibt:

$$Gmp - Gmp_1 + gMp - gMp_1 = gpM,$$
$$Gmp - Gmp_1 - gMp_1 = gMp - gMp = 0,$$
$$Gm(p - p_1) = gMp_1,$$
$$m = \frac{g}{G}\,M\,\frac{p_1}{p - p_1}.$$

Beispiel. Aus folgenden Daten wurde das Molekulargewicht des Naphtalins ($C_{10}H_8$) bestimmt:

12,8 g Naphtalin (g) wurden in 100 g Benzol (G) gelöst; p wurde $= 85{,}5$ und $p_1 = 79$ gefunden.

$$\frac{p_1}{p - p_1} = \frac{79}{6{,}5} = 12{,}15\,,$$

$$\frac{g}{G} = \frac{12{,}8}{100} = 0{,}128\,,$$

$$M = C_6H_6 = 72 + 6 = 78\,.$$

$$M\frac{g}{G}\,\frac{p_1}{p - p_1} = 78 \times 0{,}128 \times 12{,}15 = 121\,.$$

Das Molekulargewicht des Naphthalins berechnet sich also aus der Dampfdruckerniedrigung seiner Lösung in Benzol zu 121, während die Formel ($C_{10}H_8 = 128$) als Molekulargewicht die Zahl 128 ergibt. Naphtalin besteht aus 93,75 % Kohlenstoff und 6,25 % Wasserstoff. Dividiert man die Prozentzahlen durch die betreffenden Atomgewichte, also 93,75/12 und 6,25/1, so können wir, da 93,75/12 = 7,81 ist, die prozentische Zusammensetzung des Naphtalins durch $C_{7,81}H_{6,25} = C_5H_4$ ausdrücken und das Molekulargewicht dieser Substanz wäre 64. Da aber aus der Dampfdruckverminderung für Naphtalin das Molekulargewicht zu 121 gefunden wurde, so muß diesem Stoff die Formel $C_{10}H_8$ zukommen.

Da der osmotische Druck und der Dampfdruck einer Lösung, wie in der Folge gezeigt werden soll, in innigster Beziehung zu ihrer Siedepunktserhöhung und Gefrierpunktserniedrigung stehen, so wird sich auch erwarten lassen, daß diese beiden Größen proportional der Konzentration zunehmen und für äquimolare, mit dem nämlichen Lösungsmittel bereitete Lösungen gleichen Wert haben. In der Tat hat der Versuch zu diesem Ergebnis geführt und die Siedepunkts- sowie namentlich die Gefrierpunktsmethode gestattet eine weit bequemere und genauere Bestimmung des Molekulargewichtes der gelösten Substanzen als die Dampfdruckmethode.

Siedepunkt und Gefrierpunkt der Lösungen.

Beim Sieden von Lösungen verdampft nur das Lösungsmittel und beim Gefrieren einer Lösung scheidet sich in der Regel nur das Lösungsmittel in fester Form aus. Infolge dieser Erscheinung ist das beim Gefrieren des salzigen Meerwassers entstehende Eis salzfrei. Der Gefrierpunkt einer Lösung ist die Temperatur, bei der die Lösung mit dem festen Lösungsmittel im Gleichgewichte ist. Bei dieser Temperatur kann sie mit dem festen Lösungsmittel in jedem Verhältnisse gemischt werden, ohne eine Veränderung zu erleiden; es schmilzt weder der feste Körper noch scheidet etwas Lösungsmittel in fester Form aus. Dieser Gleichgewichtszustand beim Gefrierpunkte findet dann statt, wenn der Dampfdruck der Lösung dem Dampfdruck des festen Lösungsmittels gleich ist. Das Lösungsmittel fängt erst dann an zu gefrieren, wenn diese Bedingung erfüllt ist. Da nun die Verdampfung, welche den Dampfdruck bedingt, das Volum der Flüssigkeit verringert und der osmotische Druck einer gelösten Substanz hingegen eine Vermehrung des Lösungsmittels herbeizuführen bestrebt ist, die Verdampfung desselben also hemmt, so muß demnach, wie uns bekannt ist, der Dampfdruck einer Lösung geringer sein als der des reinen Lösungsmittels.

Der Siedepunkt des Wassers ist die Temperatur, bei welcher sein Dampfdruck dem äußeren Drucke gleich ist. Durch Erwärmen des Wassers kann die Temperatur nur bis zu diesem Punkte steigen; alle weitere Wärme, die man zuführt, wird dann zur Bildung von Dampf verwendet, welcher in Blasen aus dem Wasser entweicht. Die Bildung von Dampfblasen innerhalb der Flüssigkeit ist erst bei der Siedetemperatur möglich. Die Siedetemperatur ist etwas mit dem Barometerstande veränderlich, hat aber bei gleichem Barometerstande den gleichen Wert. Erwägt man nun, daß der Dampfdruck einer Lösung stets geringer ist als der Druck des Lösungsmittels, so ergibt sich, daß eine Lösung bei einem höheren Temperaturgrad sieden muß als das reine Lösungsmittel. Denn beim Siedepunkte des Lösungsmittels vermag der Dampfdruck der Lösung den Druck der Luft noch nicht zu überwinden. Damit dies möglich ist, damit also die Lösung siedet, muß sie bis zu einem höheren Temperaturgrad erhitzt werden. Der Dampfdruck und der osmotische Druck einer Lösung stehen daher in enger Beziehung zu ihrer Siedepunktserhöhung, denn offenbar wird der Siedepunkt einer Lösung proportional der Konzentration erhöht werden und für äquimolare Mengen verschiedener Stoffe mit dem nämlichen Lösungsmittel bereitete Lösungen denselben Wert haben.

Dem Gleichgewichtszustande beim Gefrierpunkte entsprechend, können also z. B. Eis und eine wässerige Lösung nur bei einer solchen Temperatur im Gleichgewichte sein, bei welcher der Dampfdruck beider gleich groß ist. Denn wäre der Dampfdruck der Lösung größer als der des Eises, so würde das Lösungsmittel zum Eise destillieren, d. h. gefrieren und die Konzentration würde zunehmen. Wäre der Dampfdruck des Eises größer als der der Lösung, so würde das Eis zur Lösung destillieren, d. h. flüssig werden und die Konzentration der Lösung würde abnehmen.

Zunächst kann die Lösung mit dem Eise bei 0°, also beim Gefrierpunkte des reinen Lösungsmittels (also hier des Wassers) nicht im Gleichgewichte sein, denn beim Gefrierpunkte des Wassers, also bei 0°, hat das Eis den gleichen Dampfdruck wie das reine Wasser (4,6 mm Hg), während die Lösung infolge des osmotischen Druckes des gelösten Stoffes bei 0° einen kleineren Dampfdruck hat als reines Wasser von 0°. Es wird also die Lösung bei 0° nicht gefrieren, weil das Eis bei dieser Temperatur einen größeren Dampfdruck hat als das Lösungsmittel. Da der Dampfdruck des Eises über 0° immer größer ist als der Dampfdruck der Lösung, unter 0° aber immer kleiner ist als der Dampfdruck der Lösung, so kann der Gefrierpunkt einer Lösung nur unterhalb des Gefrierpunktes des reinen Lösungsmittels liegen. Der Dampfdruck des Eises sinkt unter 0° viel schneller als der Dampfdruck der Lösung und es ist daher eine Gleichheit der Dampfdrucke von Eis und Lösung nur unterhalb des Schmelzpunktes des reinen Lösungsmittels möglich.

Da die Gefrierpunktserniedrigung proportional ist der Dampfdruckverminderung, also auch der Erhöhung des osmotischen Druckes, so verursachen äquimolare Lösungen verschiedener Stoffe in demselben Lösungsmittel auch gleiche Gefrierpunktserniedrigungen.

Löst man in gleichen Raum- oder Gewichtsmengen einer und derselben Flüssigkeit gleiche molekulare Mengen (z. B. 1 Mol oder $^1/_{100}$ Mol) verschiedener Stoffe, so ist die Gefrierpunktserniedrigung für alle diese Lösungen dieselbe.

Lösungen, die in gleichen Gewichtsteilen desselben Lösungsmittels gleiche molekulare Mengen beliebiger Stoffe gelöst enthalten, zeigen die gleiche Siedepunktserhöhung.

Auf Grund dieser Gesetze können die Molekulargewichte der Stoffe durch Ermittelung der Erniedrigung des Gefrierpunktes oder der Erhöhung des Siedepunktes des Lösungsmittels ermittelt werden.

Um eines dieser Verfahren, z. B. das der Erniedrigung des Gefrierpunktes, zur Bestimmung des Molekulargewichtes eines neuen Stoffes anzuwenden, verfährt man so, daß man zuerst bestimmt, welche Erniedrigung durch die Lösung von einem Mol eines Stoffes bewirkt wird, dessen Molargewicht man kennt. Bestimmt man sodann, welche Menge des neuen Stoffes die gleiche Erniedrigung hervorbringt, so stehen diese Gewichte der beiden Stoffe im Verhältnis ihrer Molargewichte und das Molargewicht des neuen Stoffes ergibt sich durch eine einfache Proportion.

So ist festgestellt worden, daß beim Auflösen von 1 Mol irgendeines Stoffes in 1000 g Wasser die entstehende Lösung bei —1,85° gefriert. Die Gefrierpunktserniedrigung des Wassers ist demnach in diesem Falle 1,85. Die Gefrierpunktserniedrigung, die durch Lösen von einem Mol irgendeines Stoffes in 100 g Wasser erzeugt wird, die Molekulardepression genannt, beträgt also 18,5°, weil ja der Gefrierpunkt eines Lösungsmittels proportional der darin gelösten Menge eines Stoffes erniedrigt wird.

Fand man z. B. für eine Lösung von Rohrzucker in Wasser, die 3,42 g Zucker in 100 g Lösung enthält, eine Gefrierpunktserniedrigung von 0,185°, so folgt aus der Proportionalität zwischen der Konzentration der Lösung und der Erniedrigung des Gefrierpunktes, wenn das Molekulargewicht mit M bezeichnet wird,

$$3{,}42 : M = 0{,}185 : 18{,}5$$

und

$$M = \frac{3{,}42 \cdot 18{,}5}{0{,}185} = 342\,(C_{12}H_{22}O_{11} = 144 + 22 + 176 = 342).$$

Das Molekulargewicht der gelösten Stoffe ist also gleich dem Prozentgehalt der Lösung multipliziert mit der Molekulardepression, dividiert durch die beobachtete Gefrierpunktserniedrigung. Die molekulare Depression ist für jedes Lösungsmittel konstant. Diese Konstante hat für die gewöhnlichen Lösungsmittel folgende Werte: für Wasser 18,5°, für Essigsäure 38,6°, für Benzol 49°, für Phenol 30,4°.

Eine Lösung von Azeton ($CH_3 \cdot CO \cdot CH_3$) in Benzol, die 1,458 g Azeton in 100 g der Lösung enthält, zeigt eine Gefrierpunktserniedrigung von 1,22°. Wir erhalten also für Azeton das Molekulargewicht

$$M = \frac{1{,}458 \cdot 49}{1{,}22} = 58{,}5\,(C_3H_6O = 36 + 6 + 16 = 58).$$

Ganz ähnlich wie für die Bestimmung des Molekulargewichtes aus der Gefrierpunktserniedrigung ist die Gleichung für die Molekulargewichtsbestimmung aus der Erhöhung des Siedepunktes durch aufgelöste Stoffe. An die Stelle der Molekulardepression tritt die molekulare Siedepunktserhöhung, d. h. die Siedepunktserhöhung, die durch Lösung von einem Mol in 100 g des Lösungsmittels erzeugt wird, welche bei Wasser 5,2°, bei Alkohol 11,5°, bei Benzol 26,7°, bei Azeton 16,7°, bei Essigsäure 25,3°, bei Phenol 30,4° beträgt.

Fand man z. B. für eine Lösung von 5 g Harnstoff in 100 g Wasser den Wert der Siedepunktserhöhung = 0,43°, so ist nach der Proportion

$$5 : M = 0{,}43 : 5{,}2$$

$$M = \frac{5 \cdot 5{,}2}{0{,}43} = 60[CO(NH_2)_2 = 12 + 16 + 32 = 60].$$

Das Molekulargewicht eines gelösten Stoffes ist gleich dem Produkte aus dem Prozentgehalte der Lösung und der molekularen Siedepunktserhöhung, dividiert durch die beobachtete Siedepunktserhöhung.

Eine Siedepunktserhöhung von $1{,}09^0$ wurde durch Lösen von 0,674 g Kampfer in 6,81 g Azeton erzeugt.

Der Prozentgehalt der Lösung ist $\frac{100 \cdot 0{,}674}{6{,}81} = 9{,}89$, die molekulare Siedepunktserhöhung des Azetons ist $16{,}7^0$. Wir haben also

$$M = \frac{9{,}89 \cdot 16{,}7}{1{,}09} = 151.$$

Das Molekulargewicht des Kampfers, entsprechend der Formel $C_{10}H_{16}O$ (120 + 16 + 16), ist 152.

Aus dem Vorhergehenden ergibt sich also, daß die Lösungen verschiedener Stoffe, welche in der gleichen Menge des gleichen Lösungsmittels die gleiche Anzahl von Molen der gelösten Stoffe enthalten (äquimolare Lösungen), einen gleichen osmotischen Druck (Isotonie, griech. ísos gleich, tónos Spannung), eine bestimmte gleiche Dampfdruckverminderung und dementsprechend auch eine bestimmte gleiche Siedepunktserhöhung und eine bestimmte gleiche Gefrierpunktserniedrigung zeigen.

Berechnet man diese bestimmte Änderung (p^0), welche ein Gramm einer Substanz in 100 g eines Lösungsmittels hervorbringt, auf das Molekulargewicht (M) der Substanz, so ergibt sich, wie uns bekannt ist, für jedes bestimmte Lösungsmittel eine Konstante (K), und zwar ist $K = Mp$ und daher $M = \frac{K}{p}$.

Löst man eine beliebige Gewichtsmenge (G) einer Substanz, deren Molekulargewicht (M) bestimmt werden soll, in 100 g einer Flüssigkeit, deren Konstante ($K = Mp$) bekannt ist und ergibt sich eine Änderung des Siede- oder Gefrierpunktes $= p_1$, so ist p_1/G die Veränderung einer 1prozentigen Lösung $= p$.

Setzen wir nun in die Gleichung $M = \frac{K}{p}$ statt p den gleichen Wert p_1/G, so ist

$$M = \frac{KG}{p_1}.$$

1. Löst man z. B. 2,721 g Essigsäure (G) in 100 g Benzol (Konstante = 49), so beobachtet man eine Gefrierpunktsdepression von $2{,}222^0$ (p_1), also ist das Molekulargewicht der Essigsäure

$$M = \frac{49 \cdot 2{,}721}{2{,}222} = 60 \quad (CH_3 \cdot COOH = 24 + 4 + 32 = 60).$$

Die Essigsäure enthält $40\,^0/_0$ Kohlenstoff, $53{,}33\,^0/_0$ Sauerstoff und $6{,}67\,^0/_0$ Wasserstoff. Die prozentische Zusammensetzung der Essigsäure entspricht nun ebenso der Formel CH_2O wie der Formel

$C_2H_4O_2$. Da nun das Molekulargewicht = 60 gefunden wurde, so ist $C_2H_4O_2$ die Formel der Essigsäure.

2. Eine 3,3 prozentige Lösung von Wasserstoffsuperoxyd in Wasser zeigt eine Gefrierpunktsdepression von 2,03°. Hieraus berechnet sich die Depression einer 1 prozentigen Wasserstoffsuperoxydlösung aus $\frac{2{,}03}{3{,}3}$ mit 0,615° (p). Für Wasser ist die molekulare Depression $Mp = 18{,}5$, folglich ist $M = \frac{18 \cdot 5}{0{,}615} = 30{,}08$ das Molekulargewicht des Wasserstoffsuperoxydes. Tatsächlich beträgt das Molekulargewicht aber 34 ($H_2O_2 = 2 + 32 = 34$). Der Analyse nach enthält das Wasserstoffsuperoxyd 94,12% Sauerstoff und 5,88% Wasserstoff. Die prozentische Zusammensetzung stimmt ebensogut auf die Formel HO wie auf die Formel H_2O_2. Da nun die Formel $H_2O_2 = 34$ dem gefundenen Molekulargewichte 30,08 näher kommt als die Formel HO mit dem Molekulargewichte = 17, so ist es zweifellos, daß dem Wasserstoffsuperoxyd die Formel H_2O_2 zukommt.

Die Analyse ergibt, daß 100 g Wasserstoffsuperoxyd 94,12 g Sauerstoff und 5,88 g Wasserstoff enthalten. Wir wollen jedoch die 94,12 g Sauerstoff durch O = 16 g und die 5,88 g Wasserstoff durch H = 1 g ausdrücken. 94,12 : 16 = 5,88, 5,88 : 1 = 5,88. Durch O = 16 und H = 1 ausgedrückt, enthält Wasserstoffhyperoxyd also O × 5,88% Sauerstoff und H × 5,88% Wasserstoff, die Formel ist daher $O_{5,88}$, $H_{5,88}$ oder HO. Das Gewicht des Wasserstoffes verhält sich also zum Gewichte des Sauerstoffes wie 1 : 16 = 2 : 32 usw., und die Formel des Wasserstoffsuperoxydes ist daher, nach den Ergebnissen der Analyse allein berechnet, H_nO_n. Die Feststellung des Molekulargewichtes zu 30,08 ergibt jedoch zweifellos für Wasserstoffsuperoxyd die Formel H_2O_2.

Kolloide und kolloidale Lösungen.

Wenn man eine Tierblase mit einer wässerigen Lösung von Kochsalz, Zucker und Leim füllt und in ein Gefäß mit reinem Wasser hängt, so wird man nach einiger Zeit bemerken, daß Salz und Zucker durch die tierische Membran in das reine Wasser hindurchgewandert sind, der Leim dagegen in der Blase zurückgeblieben ist.

Einen ähnlichen Versuch machte der englische Chemiker Graham im Jahre 1861. Er nannte das Durchwandern des Salzes und Zuckers durch die tierische Membran Osmose und prüfte auch andere Stoffe auf ihre osmotische Fähigkeiten. Alle jene Stoffe, für die sich die tierische Wand ebenso undurchdringlich erwies wie für den Leim, z. B. Stärke, Gummi, Eiweiß, nannte er Kolloide (griech. kolla = Leim), die anderen jedoch, wie Kochsalz, Zucker usw., im Gegensatze dazu Kristalloide. Die Trennungsoperation, bei welcher die kristalloiden Stoffe durch die Membran (Pergamentpapier) gehen, die kolloidalen aber zurückgehalten werden, nennt Graham Dialyse und wird mit dem Dialysator ausgeführt, einem Gefäß, dessen Boden eine Tierblase oder Pergamentpapier bildet und das in ein größeres, mit reinem Wasser gefülltes Gefäß eingehängt wird.

Die Lösungen der Kolloide in Wasser, Hydrosole genannt, bewirken sehr geringen oder keinen osmotischen Druck, geringe oder keine Dampfdruckerniedrigung, also auch geringe oder keine Siedepunktserhöhung oder Gefrierpunktserniedrigung. Wegen dieses abweichenden Verhaltens von normalen Lösungen nennt man die kolloidalen Lösungen Pseudolösungen.

Die Kolloide können aus ihren Lösungen durch Beeinflussungen der verschiedensten Art, z. B. durch Kälte (Gelatine, Gelee), durch Hitze (Eiweiß), durch Zusatz von Elektrolyten als Gallerten oder Gele ausgeschieden werden. Die Gallerten, die auf dem einen oder dem anderen Wege aus den Hydrosolen entstanden sind, nennt man Hydrogele. Man kann die Kolloide aus ihrer Pseudolösung in manchen Fällen auch so abscheiden, daß sie die Fähigkeit, mit reinem Wasser wieder eine Pseudolösung zu bilden, nicht einbüßen. Man könnte dann von einem flüssigen und einem festen Hydrosol und von dem Hydrogel, dem unlöslichen, amorphen Körper reden.

Die kolloidalen Lösungen koagulieren bei Temperaturänderungen oder bei Zusatz von Elektrolyten; sie sind Suspensionen und Emulsionen[1]): eine Grundmasse mit äußerst fein zerstäubten, suspendierten Teilchen. Es gibt jedoch auch Hydrosole, die sich durchaus homogen erweisen. Eine scharfe Grenze zwischen wirklichen und kolloidalen Lösungen ist nicht zu ziehen. Beide unterscheiden sich nur in der Größe ihrer Teilchen. Lösungen, die infolge der Größe ihrer Teilchen einen Übergang zu den groben Suspensionen bilden, können wir als kolloidale Lösungen betrachten. Bedeutende Forscher haben sich in jüngster Zeit mit dem Studium der kolloidalen Lösungen beschäftigt und dabei gefunden, daß diese sich von den Lösungen der Salze und anderer Stoffe nicht wesentlich unterscheiden. Die Untersuchungen der kolloidalen Lösungen führen zu dem Schlusse, daß tatsächlich alle Stoffe aus getrennten Teilchen, aus Molekeln und Atomen bestehen.

Zu den Kolloiden gehören viele im Pflanzen- und Tierreich verbreitete, in Wasser lösliche Stoffe, z. B. Leim, Eiweiß, Gummi, Dextrin, Gerbsäure, sowie viele in Wasser direkt unlösliche, amorphe

[1]) Unter einer „Emulsion“ versteht man im allgemeinen eine milchähnliche Flüssigkeit, die einen Körper (Öl, Harz, Fett u. dgl.) in so feiner Verteilung enthält, daß dessen Teilchen sehr lange schwebend in der Flüssigkeit enthalten bleiben. Gießt man die alkoholische Lösung eines Harzes in Wasser, so entsteht eine Emulsion. Milch ist ebenfalls eine Emulsion.

Stoffe, z. B. Stärke, Kieselsäure, viele Hydroxyde und Sulfide der Metalle und sogar manche Metalle. Solche Pseudolösungen der Metalle erhält man durch gewisse Reduktionsmittel aus den Salzen der betreffenden Metalle oder mit Hilfe des elektrischen Lichtbogens zwischen Drähten des betreffenden Metalles unter Wasser durch Zerstäubung der Kathode. Die kolloidale Lösung des Goldes ist rot.

Zsigmondy[1]) hat durch Reduktion von Goldchlorid kolloidale Lösungen von Gold hergestellt, in welchen die Goldteilchen so klein waren, daß man ihre Gestalt auch in den besten Mikroskopen nicht erkennen konnte. Wie er trotzdem durch die Anwendung eines besonderen Verfahrens die einzelnen Teilchen im Mikroskope sichtbar machte, soll im folgenden besprochen werden.

Wir können den Weg eines Lichtstrahls, der durch staubfreie Luft oder durch eine ganz reine, klare Flüssigkeit geht, nicht erkennen. Sowie aber kleine Staubteilchen oder Nebeltröpfchen in der Luft oder fein verteilte feste Stoffe in dem Wasserschweben, leuchten sie in dem Strahle hell auf und machen ihn auch einem seitlich stehenden Beobachter sichtbar. Will man Flüssigkeiten daraufhin untersuchen, ob sie vollkommen klar und frei von feinen, schwebenden Körperchen sind, so schickt man einen möglichst starken Lichtstrahl hindurch und beobachtet, ob er von der Seite her zu erkennen ist. Man sieht die schwebenden Teilchen nicht bloß deshalb, weil sie besonders gut beleuchtet sind, sondern weil die Strahlen an ihnen eine Beugung erfahren und einen Beugungsschein erzeugen, der den Gegenstand größer erscheinen läßt als er wirklich ist. Durch eine ähnliche schräge Beleuchtung werden auch im Mikroskop Teilchen wahrnehmbar, die weit unter der Abbildungsgrenze (unter 0,0003 mm) liegen. Man sieht die Teilchen nicht, aber man erkennt an ihren Beugungsscheibchen, daß sie da sind und nimmt wahr, ob sie ihren Ort verändern. Dieses Prinzip ist es nun, welches von Zsigmondy benutzt wurde, um die an sich im Mikroskop nicht sichtbaren Goldteilchen seiner kolloidalen Goldlösung sichtbar zu machen.

Das von einem Spiegel S reflektierte Sonnenlicht wurde mittels einer Sammellinse L in ein unter dem Objektiv eines Mikroskopes befindliches Glaskästchen g geleitet, das mit der kolloidalen Goldlösung gefüllt war. Bei der Betrachtung der auf diese Weise belichteten kolloidalen Lösung durch das Mikroskop konnte Zsigmondy bei Anwendung einer 400maligen Vergrößerung die Anwesenheit von Tausenden glänzender Goldteilchen nachweisen, die bei gewöhnlicher Beleuchtung selbst mit den stärksten Objektiven nicht wahrnehmbar waren.

---

[1]) Nach Dr. A. Zart, Bausteine des Weltalls.

Nun verband sich Zsigmondy mit Siedentopf, welcher das „Ultramikroskop", so wurde das den neuen Zwecken angepaßte

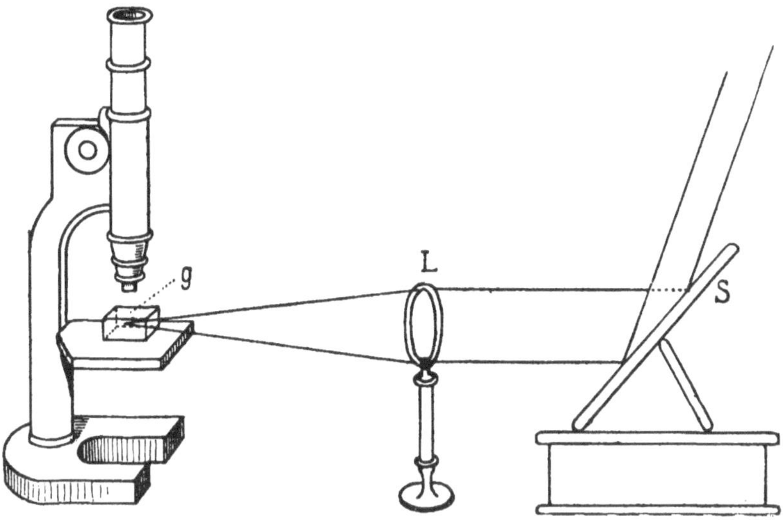

Fig. 5.
Nach Dr. A. Zart, Bausteine des Weltalls, schematisch gezeichnet.

Mikroskop benannt, zu höchster technischer Vollkommenheit entwickelte. Dieses Mikroskop gestattet die Beobachtung von kolloidalen Lösungen, die sich auf einem Objektglas unter einem Deckgläschen befinden, auf die übliche Weise ohne Spiegelreflektor und ohne Sammellinse, indem in der Öffnung des Mikroskoptisches unter dem zu beobachtenden Präparat ein eigener Kondensator (Fig. 6) angebracht ist, der nur diejenigen Strahlen hindurchläßt, welche von dem Rande des Kondensators in die unter dem Deckgläschen befindliche Lösung reflektiert werden. Alle anderen direkten Strahlen werden abgeblendet oder vom Deckgläschen reflektiert. So erhält man einen dunkeln Hintergrund und in das Auge des Beobachters gelangt nur das von den Teilchen der kolloidalen Lösung abgebeugte Licht. Auf diese Weise konnten noch Goldteilchen wahrgenommen werden, die einen Durchmesser von

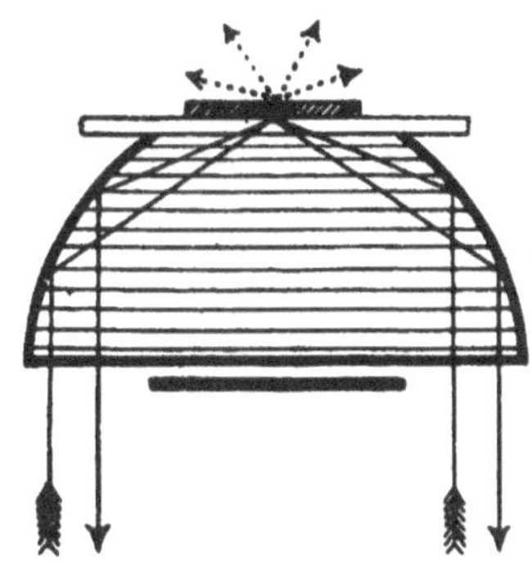

Fig. 6. Paraboloidkondensator der Firma Zeiss.
Nach Dr. A. Zart, Bausteine des Weltalls.

0,0000005 cm hatten. Allerdings sieht man im Ultramikroskop nur leuchtende Punkte; welche Form sie haben, wird nicht wahrgenommen. Auch die Größe kann nicht direkt gemessen werden. Die Feststellung des Durchmessers und des Gewichtes dieser kleinen Teilchen geschieht folgendermaßen: Wenn man in einer bestimmten Menge Lösungsmittel z. B. eine bestimmte Menge Goldchlorid löst und reduziert, wodurch das Gold in kolloidaler Lösung sich befindet, so kennt man zunächst die in der Lösung enthaltene Gewichtsmenge Gold und kann auch den Raum ausrechnen, den es als kompakte Masse einnehmen würde. Nun zählt man unter dem Mikroskop die Anzahl der Teilchen in einem ganz kleinen, genau bestimmten Raumteile der Lösung aus und berechnet daraus die Anzahl der Teilchen in der ganzen Lösung. Daraus lassen sich dann Gewicht und Durchmesser der einzelnen Teilchen berechnen. Das Gewicht des kleinsten sichtbaren Teilchens beträgt nach Berechnungen ungefähr 2×10^{-18} g.

In den ganz klaren, roten Lösungen des Goldes ist unter dem Ultramikroskop kaum die Andeutung des quer hindurchgehenden Lichtstrahles zu sehen. Gibt man ein Salz, z. B. Salpeter hinzu, so beobachtet man im Ultramikroskop zunächst das Auftreten eines deutlichen Lichtkegels. Es erscheinen dann wogende, gelbe Nebelballen, in denen plötzlich helle Einzelteilchen aufleuchten, sich rasch vermehren, vergrößern und sich zu ganz großen zusammenlagern. Der ganze Vorgang ist ein Zeichen dafür, daß in den klarsten Lösungen das Gold besonders fein verteilt ist und daß die unsichtbaren Teilchen als Keim zu größeren gedient haben. Dieselben Resultate erhielt man auch mit den kolloidalen Lösungen anderer Metalle und Stoffe und es ergibt sich daraus der Schluß, daß tatsächlich alle Stoffe aus getrennten Teilchen, aus Molekeln und Atomen bestehen.

Es ist ferner an den ultramikroskopischen Teilchen eine ungemein lebhafte Bewegung zu beobachten, welche offenbar von den Stößen der unsichtbaren Molekeln herrührt.

Mit Hilfe des Ultramikroskopes gelang es Perrin durch Auffindung einer Analogie zwischen der regelmäßigen Abnahme der Anzahl der kolloiden Teilchen mit Zunahme der Höhe der Schichte einer kolloidalen Lösung und der gesetzmäßigen Abnahme der Dichte der Bestandteile der atmosphärischen Luft mit zunehmender Höhe einen zahlenmäßigen Zusammenhang festzustellen zwischen dem Gewichte der Kolloidteilchen und dem der Molekeln der gasförmigen Stoffe. Die folgenden Auseinandersetzungen sollen die Ergebnisse dieser Forschung klarlegen.

Die Atmosphäre ist eine gasförmige Hülle, die nach oben hin

an Dichte abnimmt. Das Gewicht der die Erde umgebenden Gashülle ergibt sich aus dem Drucke, den sie auf die Quecksilbersäule des Barometers in Meereshöhe ausübt. Dieser Druck hält pro cm^2 einer Quecksilbersäule von 760 mm Höhe das Gleichgewicht. Da eine solche Quecksilbersäule rund 1 kg wiegt, so ist das zugleich das Gewicht einer vom Meeresspiegel bis zur Grenze der Atmosphäre aufragenden Luftsäule mit einem Querschnitt von 1 cm^2. Die Lufthülle wiegt also soviel wie eine die ganze Erdkugel umhüllende Quecksilberschichte von 760 mm Höhe. Hätte die Luft überall die gleiche Dichte und Zusammensetzung, so würde sie, wie sich berechnen läßt, eine Höhe von 8 km haben. Dieser Wert ist ein rein theoretischer. In der Wirklichkeit nimmt ja das spezifische Gewicht nach oben hin ab und die Atmosphäre erstreckt sich daher zu weit größeren Höhen, und es ist selbstverständlich, daß sich mit der Höhe auch die Zusammensetzung ändert. Nach den Untersuchungen verschiedener Forscher hat die Atmosphäre eine Höhe von 300 bis 400 km; nach Beobachtungen an Meteoren, die, sobald sie in die Atmosphäre eintreten, durch die Reibung glühend und alsdann sichtbar werden, ist sie sogar auf 500 bis 750 km geschätzt worden.

In der Höhe von 11 km ist eine Trennungsschichte. Unterhalb dieser Grenze spielt sich alles das ab, was man als Wetter bezeichnet. Winde, Verdampfung des Wassers, Regen, Schnee, Gewitter, alles das geht in der Troposphäre, d. h. in der der Erde benachbarten 11 km hohen Atmosphäre, vor sich. Bis zu dieser Höhe ist also infolge der Winde und Luftströmungen, die eine völlige Durchmischung der Bestandteile bewirken, die Zusammensetzung der Luft nahezu gleichmäßig. Sie besteht hier, in Volumprozenten ausgedrückt, aus:

78,03	Stickstoff,
20,99	Sauerstoff,
0,94	Argon,
0,03	Kohlendioxyd,
0,01	Wasserstoff,
0,0015	Neon,
0,00015	Helium,
0,0001	Krypton.

Jenseits von der in 11 km befindlichen Trennungsschichte, in der Stratosphäre, herrscht ewige Ruhe und eine durch das Gleichgewicht der Strahlung bedingte ziemlich konstante Temperatur von etwa -60^0. Hier hört die Durchmischung der Gase auf und nun macht sich die Schichtenbildung der einzelnen Gase nach ihren Dichten bemerkbar, wie spektroskopische Beobachtungen an Lichterscheinungen in größeren Höhen gezeigt haben. Je weiter man nach oben kommt, um so mehr herrschen die leichten Gase vor. In 70 km Höhe ist der Sauerstoff fast verschwunden; in 100 km Höhe gilt das gleiche vom Stickstoff. In dieser Höhe herrscht der Wasserstoff in Gemeinschaft mit Helium vor. In 200 km Höhe befindet sich der Wasserstoff, wie angenommen, aber noch nicht erwiesen ist, in Gemeinschaft mit dem noch leichteren Geokoronium, und in 500 km Höhe wird nur letzteres als vorhanden angenommen. Die Höhengrenze des Wasserstoffs schätzt man auf ungefähr 250 km; ob dann noch ein leichteres Gas, das Geokoronium, folgt, ist noch nicht sichergestellt.

Die Änderung der Zusammensetzung der Luft mit zunehmender Höhe ist aus der Tabelle von Wegener zu ersehen:

Zusammensetzung der Luft in Volumprozenten.

Höhe km	Stickstoff	Sauerstoff	Wasserstoff	Geokoronium	Helium	Argon
0	78,1	20,9	0,0033	0,00058	0,0005	0,937
20	85	15	0	0	0	0
40	88	10	1	0	0	—
60	77	6	12	5	1	—
80	21	1	55	19	4	—
100	1	0	67	29	4	—
120	0	—	65	32	3	—
140	—	—	62	36	2	—
200	—	—	50	50	1	—
300	—	—	29	71	—	—
400	—	—	15	85	—	—
500	—	—	7	93	—	—

Wenn die Dichteabnahme der einzelnen Gase der Atmosphäre mit der Höhe auch eine sehr verschiedene ist, so erfolgt sie für jedes einzelne Gas doch vollständig gleichmäßig und ist, besonders wenn diese Abnahme auf eine gleichbleibende Temperatur umgerechnet wird, in gleichen Abständen immer dieselbe. Perrin hat berechnet, in welchen Abständen die Dichte bei jedem Gase auf die Hälfte sinken würde. Danach würde sich der Sauerstoff in Abständen von je 5, das Helium von je 40, der Wasserstoff von je 80 km auf die Hälfte verdünnen, d. h. in diesen Abständen würde, ganz gleich von wo ab man sie rechnet, die obere Schichte immer halb so dünn sein, halb so viel Molekeln im Liter enthalten als die untere. Vergleicht man mit diesen Abständen die Molekulargewichte z. B. von Sauerstoff = 32 und Wasserstoff = 2, so bemerkt man, daß sich beide umgekehrt zueinander verhalten: 5:80 = 2:32. Aus diesen

Beziehungen läßt sich also das Molekulargewicht eines jeden anderen gasförmigen Bestandteiles der Luft bestimmen, von dem bekannt ist, bei welchem Höhenunterschiede seine Dichte auf die Hälfte fällt. Da dieser Unterschied beim Helium 40 km und beim Sauerstoff 5 km beträgt und die Höhenunterschiede sich umgekehrt wie die Molekulargewichte verhalten, also $40:5 = 32:x$, so berechnet sich daraus das Molekulargewicht des Heliums zu $160:40 = 4$. Dieses Molekulargewicht stimmt mit dem nach anderen Methoden gefundenen völlig überein.

Nun hat man gefunden, daß die Teilchen einer kolloidalen Lösung, die man mikroskopisch messen kann, genau so wie die Molekeln der Luft eine mit der Höhe (natürlich eine mikroskopisch meßbare Höhe) sich regelmäßig verdünnende Atmosphäre bilden. Das Gewicht dieser Teilchen kann festgestellt werden und es braucht nur noch jener Höhenunterschied gemessen zu werden, in dem die Anzahl der Teilchen auf die Hälfte sinkt und man hat dann die Verhältnisse wie in der Atmosphäre, jedoch mikroskopisch verkleinert. Durch das Mikroskop sieht man bei starker Vergrößerung immer nur die Teilchen einer äußerst dünnen Schichte scharf und deutlich; die der höheren und tieferen Schichten bleiben undeutlich und entziehen sich dem Blick. Je nachdem man also das Mikroskop höher oder tiefer einstellt (die Verschiebung ist sehr genau meßbar), bekommt man höhere oder tiefere Schichten deutlich zu sehen. Diese Schichten wurden photographiert; auf den Bildern wurde die Anzahl der Teilchen ausgezählt und die Dichteabnahme mit der Höhe festgestellt. In einem Falle waren die Schichten 0,005 mm voneinander entfernt; auf den zugehörigen Bildern wurden von unten nach oben folgende Teilchenzahlen festgestellt:

1880 940 530 305.

Die Schichten, in denen sich die Kolloidteilchen befanden, waren 0,1 mm dick, die Teilchen selbst hatten einen Durchmesser von 0,0014 mm. Das Gewicht der einzelnen untereinander gleichen Teilchen wurde festgestellt. Wiederholte Versuche, welche unter den verschiedenartigsten Bedingungen ausgeführt wurden, ergaben dieselbe Gesetzmäßigkeit in der Dichteverteilung. Es nehmen also in kolloidalen Lösungen die Dichten der Teilchen in gleichen Abständen ebenso gleichmäßig ab wie die der Molekeln der Gase in der Luft.

In der Kolloidlösung sinkt in dem hier angegebenen Falle die Dichte, d. i. die Anzahl der Teilchen, in einer Höhe von 0,005 mm Höhe auf die Hälfte, in der Luft beträgt dieser Höhenunterschied beim Sauerstoff 5 km, also 5000000 mm. Da sich nun die Höhenunterschiede umgekehrt wie die Molekulargewichte verhalten, so muß eine Molekel Sauerstoff tausendmillionenmal leichter sein als so ein Kolloidteilchen. Aus dem bekannten Gewichte eines solchen Kolloidteilchens berechnete Perrin das Gewicht einer Molekel Sauerstoff zu $47 \cdot 10^{-24}$ g.

Da sich die Gewichte der Molekeln wie ihre Molekulargewichte verhalten, so erhält man aus

$$32:2 = 47 \cdot 10^{-24}:x$$

$$x = 2{,}47 \cdot 10^{-24}:32 = 94 \cdot 10^{-24}:32 = 2{,}94 \cdot 10^{-24}$$

$2{,}94 \cdot 10^{-24}$ g als Gewicht einer Molekel Wasserstoff. Aus dem bekannten Gewichte einer Sauerstoffmolekel läßt sich dann berechnen, wieviel Molekeln ein Mol dieses Elementes enthält. Da eine Molekel Sauerstoff $47{,}10^{-24}$ g wiegt, so enthält ein Mol Sauerstoff ($O_2 = 32$), das sind 32 g Sauerstoff, $32:47 \cdot 10^{-24} = 7{,}10^{23}$ Molekeln. Diese Zahl $7{,}10^{23}$ wird mit N bezeichnet.

Da die Molargewichte sämtlicher Stoffe in Gasform unter den Normalbedingungen den Raum von 22,4 l einnehmen und gleiche Räume verschiedener Gase unter denselben Druck- und Temperaturverhältnissen die gleiche Anzahl Molekeln enthalten, so enthalten die Mole aller Stoffe gerade soviel Molekeln wie ein Mol Sauerstoff. 44 g Kohlendioxyd ($CO_2 = 44$) z. B. oder 17 g Ammoniak ($NH_3 = 17$) usw. enthalten gerade soviel Molekeln wie 32 g ($O_2 = 32$) Sauerstoff. Wenn man also das Gewicht einer Molekel irgendeines Stoffes ermitteln will, so dividiert man das Molargewicht desselben durch N; denn die Mole aller Stoffe enthalten ja $7{,}10^{23}$ Molekeln. Wenn also $7{,}10^{23}$ Molekeln Kohlendioxyd ($CO_2 = 44$) 44 g wiegen, so wiegt eine Molekel dieses Gases $44:7{,}10^{23} = 6{,}29^{-23}$ g.

Spezifische Wärme.

Bei der Messung der Wärme muß die Wärmemenge sorgfältig unterschieden werden von der Temperatur. Während die Wärmemenge die Eigenschaft einer Größe hat, die man teilen und zusammensetzen kann, ist die Temperatur von wesentlich anderer Beschaffenheit. Die Temperatur kann bei der kleinsten wie bei der größten Wärmemenge gleich sein; fügt man zwei Körper von gleicher Temperatur zusammen, so bleibt diese unverändert, während zwei gleiche Wärmemengen zusammen die doppelte Wärmemenge ergeben. 1 kg Wasser von 100° C und 10 kg Wasser derselben Temperatur besitzen offenbar verschiedene Wärmemengen, und zwar hat letzteres die zehnfache Wärmemenge des ersteren. Denken wir uns zwei gleich große Bunsenbrenner, aus denen in gleichen Zeiträumen gleich große Mengen Gas entströmen. Den einen Brenner stellen wir unter einen Glaskolben, der 10 l Wasser enthält, den anderen unter einen Glaskolben mit 1 l Wasser. Die Temperatur des Wassers in beiden Kolben sei gleich groß und betrage 15° C. Nun öffnen wir die beiden Hähne der Brenner und entzünden das entströmende Leuchtgas. Drehen wir nach einiger Zeit die beiden Hähne wieder ab, so haben wir jeder der beiden Wasserproben eine gleich große Wärmemenge zugeführt. Angenommen, wir haben so lange erwärmt, bis die kleinere Menge Wasser eine Temperatur von 30° C erreicht hat, so wird die größere Menge Wasser eine weit niedrigere Temperatur zeigen, weil dieselbe Wärmemenge eine weit größere Masse erhitzen mußte. Es finden sich also in beiden Wassermengen dieselben Wärmemengen, aber von durchaus verschiedener Temperatur.

Bei Feststellung des Wärmemaßes muß also außer der Temperatur noch eine bestimmte Menge eines bestimmten Stoffes gegeben sein.

Als Wärmeeinheit hat man diejenige Wärmemenge gewählt, durch welche 1 g oder 1 kg Wasser um einen Grad erwärmt wird. Da diese Einheit aber mit der Temperatur ein wenig veränderlich wäre, so ist man übereingekommen, daß die Definition für 18° C, die gewöhnliche Zimmertemperatur, gelten soll. Die Einheit heißt Kalorie, und zwar entweder eine Grammkalorie, abgekürzt cal., oder eine Kilogrammkalorie, abgekürzt Kal.

Spezifische Wärme ist die Anzahl der Wärmeeinheiten (Grammkalorien oder Kilogrammkalorien), welche 1 g oder 1 kg eines Stoffes nötig hat, um seine Temperatur von 18° C auf 19° C zu erhöhen.

Gleiche Gewichte zweier qualitativ verschiedener Stoffe benötigen zur Erhöhung um eine und dieselbe Temperatur verschiedene Wärmemengen; so z. B. ist, um eine bestimmte Gewichtsmenge Wasser auf eine gewisse Temperatur zu erhitzen, eine Wärmemenge nötig, welche 31 mal so groß ist als die, welche dieselbe Temperaturerhöhung in einer gleich großen Gewichtsmenge Platin hervorruft. Die spezifische Wärme des Platins ist also nur $^1/_{31}$ oder 0,032 von der des Wassers, welche als Einheit bei der Berechnung der spezifischen Wärme diente. Die spezifische Wärme ein und desselben Stoffes ist je nach seinem Aggregatzustande verschieden groß.

Wenn man also sagt, die spezifische Wärme des Platins ist $^1/_{31} = 0{,}032$, so heißt das: 1 g oder 1 kg Platin braucht, um von 18° auf 19° erwärmt zu werden, $^1/_{31} = 0{,}032$ von jener Wärmemenge, welche notwendig ist, um 1 g oder 1 kg Wasser von 18° auf

19° zu erwärmen. Berechnet man die für 1 g der festen Elemente gefundenen spezifischen Wärmen auf die Grammengen, welche den Atomgewichten entsprechen, so findet man, daß das Produkt dieser spezifischen Wärme eines Elementes und dem Atomgewichte desselben eine nahezu konstante Zahl ist und im Mittel 6,4 Grammkalorien beträgt (Gesetz von Dulong und Petit, 1819). Dieses Produkt bezeichnet man als Atomwärme.

Element	Spez. Wärme C (Wasser = 1)	Atomgewicht A	Produkt AC
Natrium	0,293	23	6,7
Kalium	0,166	39,10	6,49
Eisen	0,114	55,84	6,37
Kupfer	0,095	63,57	6,04
Zink	0,094	65,37	6,14
Platin	0,032	195,2	6,25
Gold	0,032	197,2	6,31

Als mittlerer Wert der Konstante AC kann daher die Zahl 6,4 angenommen werden. Da $AC = 6{,}4$ ist, so ist $A = 6{,}4/C$, d. h. man findet das annähernde Atomgewicht eines Elementes, indem man die Konstante 6,4 durch die spezifische Wärme des betreffenden Elementes dividiert; so z. B. ist die spezifische Wärme des Bleies 0,031, folglich sein Atomgewicht $6{,}4/0{,}031 = 206{,}45$. (Das auf andere Weise berechnete Atomgewicht des Bleies ist 207,1.)

Das Dulong-Petitsche Gesetz gilt nicht für flüssige und gasförmige Grundstoffe. Da feste und flüssige Stoffe sich im Verhältnis zu gasförmigen Stoffen bei Erhöhung der Temperatur nur wenig ausdehnen, so wird beim Erwärmen solcher Stoffe fast die ganze zugeführte Wärmeenergie zur Erhöhung der Temperatur verwendet. Beim Erwärmen von Gasen wird jedoch ein großer Teil der zugeführten Wärmeenergie zur Vergrößerung des Volums verwendet. Diese von der Wärmeenergie zu leistende Arbeit fällt weg, wenn man das Gas in einem abgeschlossenen Raume, also bei konstantem Volum erhitzt. Läßt man jedoch ein Gas bei der Erwärmung sich frei ausdehnen, d. h. steht dasselbe unter dem konstanten Druck der Atmosphäre, so ist wegen der Verwendung eines Teils der Wärmeenergie zur Vergrößerung des Volums eine größere Wärmezufuhr für die Erreichung einer gewissen Temperatur nötig, als wenn man das Gas auf die gleiche Temperatur bei konstantem Volum erwärmt.

Das Produkt aus Molekulargewicht und spezifischer Wärme heißt Molekularwärme. Die Molekularwärme eines Gases ist demnach im Falle konstanten Druckes größer als die bei gleichbleibendem Volum.

Da der Ausdehnungsbetrag nach dem Gay-Lussacschen Gesetze unabhängig von der stofflichen Natur des Gases ist, so muß der bei einem Mol irgendeines Gases für diese Ausdehnung aufzuwendende Arbeitsbetrag stets derselbe und unabhängig von der chemischen Natur des Gases sein. Dieser Arbeitsbetrag macht, wie Versuche ergaben, rund 2 Grammkalorien aus.

Die spezifische Wärme eines Gases bei konstantem Volum bezeichnet man mit c_v, die bei konstantem Druck mit c_p, die entsprechenden Molekularwärmen mit Mc_v oder C_v und Mc_p oder C_p. Es ist also $C_p = C_v + 2$ cal oder $C_v = C_p - 2$ cal. Der Unterschied zwischen C_p und C_v ist also für alle Gase gleich groß und beträgt 2 Grammkalorien.

Die Molekularwärme bei konstantem Volum (C_v) für Helium (He = 4), Neon (Ne = 20), Argon (A = 40) und Quecksilber (Hg = 200,6) ist 3, d. h. um die Temperatur von 4 g Helium, 20 g Neon, 40 g Argon oder 200,6 g Quecksilberdampf um 1^0 zu steigern, ist, vorausgesetzt, daß sich das Gas nicht ausdehnen kann, so viel Wärme erforderlich, als notwendig wäre, um 3 g Wasser von 18^0 auf 19^0 zu erwärmen. Wenn man aber das Gas bei der Erwärmung sich ausdehnen läßt, so wird außer der Wärmemenge, welche benötigt wird, um die Temperatur des Gases um einen Grad zu erwärmen, noch eine weitere Wärmemenge zugeführt werden müssen zur Überwindung des die Ausdehnung des Gases hemmenden Druckes der Atmosphäre. Dieser notwendige Mehraufwand beträgt, wie uns bekannt ist, für ein Molargewicht des Gases 2 Grammkalorien; die Molekularwärme dieser Gase bei konstantem Druck (C_p) ist daher 5 und das Verhältnis zwischen beiden spezifischen Wärmen C_p/C_v ist $5/3 = 1,66$.

Da die Molekel Quecksilber einatomig ist und die Elemente Helium, Neon und Argon, die mit anderen Elementen keine Verbindung eingehen, dasselbe Verhältnis zwischen beiden Molekularwärmen ($C_p/C_v = 1,66$) zeigen wie Quecksilberdampf, so ist der Schluß gerechtfertigt, daß auch die Molekeln dieser Elemente einatomig sind.

Man hat gefunden, daß bei Gasen mit zweiatomigen Molekeln, wie O_2, N_2, H_2 usw. die Molekularwärme bei konstantem Druck (C_p) 7 und bei konstantem Volum (C_v) 5 ist; das Verhältnis zwischen beiden ist $7:5 = 1,4$.

Gase mit komplizierteren Molekeln haben höhere spezifische Wärmen und das Verhältnis C_p/C_v zeigt nicht dieselbe Regelmäßigkeit wie für Gase mit einatomigen und zweiatomigen Molekeln. Diese Beziehungen lassen sich mit Hilfe der kinetischen Gastheorie bestätigen. Diese Theorie fordert, daß die Bewegung der Molekeln ihrer Temperatur äquivalent ist. Bei einatomigen Molekeln ist diese Bewegung fast ganz translatorisch, alle von außen zugeführte Wärme wird nur in geradlinige Geschwindigkeit umgesetzt; bei zwei oder mehratomigen Molekeln wird dagegen nicht nur Wärme verbraucht, um die Molekeln in stärkere Bewegung zu setzen, sondern auch zur Bewegung der Atome in der Molekel. Die Atombewegung zeigt sich durch die Absorption einer gewissen Wärmemenge, wenn die Temperatur des zusammengesetzten Gases gesteigert wird (Naumann 1876).

Wärmeenergie.

Ein Stein, der aus einer gewissen Höhe herabstürzt, besitzt eine sehr geringe Elastizität, steigt nicht wieder zu seiner ursprünglichen Lage auf, sondern bleibt ruhig liegen. Damit ist nicht nur die potentielle, sondern auch die kinetische Energie vernichtet. Es hat also den Anschein, als ob hier ein Erhaltungsgesetz der Energie, nach welchem die Energie innerhalb des gesamten Gebietes unserer möglichen Beeinflussung niemals erschaffen und vernichtet werden kann, nicht bestehe.

Eine genaue Untersuchung derartiger Erscheinungen zeigt jedoch, daß, wenn ein bewegter Körper auf einen ruhenden aufschlägt und so seine Bewegungsenergie verliert, Wärme entsteht. So kann Eisen durch Hämmern bis zur Glühhitze erwärmt werden. Dabei verschwindet die Energie, die in der Bewegung des Hammers besteht. Ein Vollgeschoß, das auf eine Panzerplatte auftrifft, erwärmt sich bis zur Rotglut. Die verschwundene kinetische Energie erscheint also als Wärme, die gleichfalls eine Art Energie ist. Denn sie ist imstande, in den Dampfmaschinen mechanische Arbeit zu erzeugen. Soviel mechanische Arbeit gebildet wird, soviel Wärme wird in der Maschine verbraucht. Sorgfältig ausgeführte Versuche haben ergeben, daß bei einer Arbeitsleistung von 427 mkg 1 Kilogrammkalorie verschwindet, 1 Kilogrammkalorie setzt sich also um in 427 mkg und umgekehrt verwandeln sich 427 mkg in 1 Kilogrammkalorie. Beide Größen (1 Kal. und 427 mkg) sind gleichwertig oder äquivalent; sie können sich gegenseitig ersetzen oder sich ineinander umwandeln. Die Größe 427 mkg nennt man das mechanische Äquivalent der Wärme. 427 mkg repräsentieren dieselbe Energiegröße, dieselbe Arbeitsmöglichkeit wie 1 Kilogrammkalorie. Man kann somit die Wärme mit dem Meterkilogramm messen, da sie äquivalent ist einer mechanischen Arbeit, aus der sie entstehen oder die sie hervorbringen kann.

Wenn also ein unelastischer Körper, der von irgendeiner Höhe herabfällt, beim Auffallen auf der Erde unbeweglich liegen bleibt, so ist die kinetische Energie durchaus nicht verschwunden; denn in Wirklichkeit ist der Körper durch den Anprall verändert, er ist wärmer geworden. Die im fallenden Körper befindliche Energie der Bewegung der Gesamtmasse hat sich in die Energieform der Wärme verwandelt; diese können wir wieder als kinetische Energie, als eine raschere Bewegung der Molekeln und Atome ansprechen. Im Herabfallen bewegt sich die Masse als Ganzes, nach dem Anprall bewegen sich die Atome und Molekeln im scheinbar ruhenden Körper. Wir sehen also, wie die verschiedenen Energieformen wechseln, wie sie sich gegenseitig restlos ineinander umwandeln.

Die Erfahrung ergibt, daß sich die verschiedenen Arten Energie stets in zwei Faktoren zerlegen lassen, von denen einer die Beschaffenheit einer Größe und der andere die einer Stärke hat. Man nennt den ersten Faktor den Kapazitäts- oder Quantitätsfaktor der Energie und den anderen den Intensitätsfaktor. So ist die potentielle Energie das Produkt aus Gewicht und Höhe, die elektrische Energie das Produkt aus Spannung und elektrischer Menge (die Wärmeenergie das Produkt aus Temperatur und Entropie). Die Temperatur ist somit der Intensitätsfaktor der Wärmeenergie oder ihr Potential. Die Bedeutung des Intensitätsfaktors einer Energie wird aus Folgendem klar werden: Denken wir uns einen Raum, in welchem die Temperatur überall vollkommen gleichförmig ist, dann kann in diesem Raum eine beliebig große Wärmemenge sein, ohne daß in bezug auf die Wärme irgend etwas geschieht. Denn Gleichheit der Temperatur bedeutet, daß die Wärme zwischen den betreffenden Orten ruht oder nicht wandert. Ist hingegen die Temperatur an verschiedenen Stellen des Raumes verschieden, so wandert immer die Wärme von dem Gebiet der höheren Temperatur zu dem Gebiet niederer Temperatur, und zwar so lange, bis die Temperaturunterschiede ausgeglichen sind.

Ist also die Intensität einer Energie überall im gegebenen Raume gleich beschaffen, dann ist die betreffende Energieart in Ruhe und es geschieht in bezug auf diese Energieart in dem Raume gar nichts. Ist beispielsweise der Druck in einem bestimmten Gebiete der Erdoberfläche in der Luft gleich groß, so findet keine Bewegung der Luft, kein Wind oder Sturm statt. Ist die elektrische Spannung in einem mit elektrischer Energie erfüllten Raume überall gleich groß, so findet keine Bewegung der elektrischen Energie (oder keine Bewegung der Elektrizität) statt. Alles Geschehen setzt das Vorhandensein von Verschiedenheiten in der Intensität der Energie in dem betrachteten Raume voraus und das Geschehen selbst besteht jedesmal darin, daß die Energien dieses Raumes sich in solchem Sinne ändern, daß diese vorhandenen Unterschiede der Intensitäten sich ausgleichen, bis sie an allen Stellen gleich groß geworden sind.

Eine Bewegung der Energie tritt also nur dann ein, wenn eine sogenannte Potentialdifferenz vorhanden ist. Bei dem fallenden Wasser besteht diese in einer Höhendifferenz. Eine Umformung von potentieller Energie gehobenen Wassers in kinetische, aus der Arbeit gewonnen werden kann, findet nur statt, wenn das Wasser von einem höheren auf ein tieferes Niveau fallen kann. Die Energie gehobenen Wassers mag an sich noch so groß sein, wenn nicht ein tieferes Niveau vorhanden ist, ist es unmöglich, kinetische Energie und damit mechanische Arbeit aus ihr zu gewinnen. Besitzt ein Körper Energie von bestimmter Intensität, so kann ein Vorgang nur dann stattfinden, wenn noch ein Körper vorhanden ist, der Energie in niederer Intensität besitzt und auf den die Energie höherer Intensität übergehen kann. Die Stelle höherer Intensität muß mit derjenigen von niederer Intensität so verbunden werden, daß ein Übergang der Energie wirklich stattfinden kann. Die Herstellung dieser Möglichkeit nennt man Auslösung. Zwischen zwei elektrisch geladenen Körpern von verschiedenem Potential kann die Auslösung durch einen beide berührenden Draht erfolgen. Potentielle Energie gehobenen Wassers kann ausgelöst werden durch Ziehen der Schütze. Bei chemischen Intensitätsdifferenzen kann Temperaturerhöhung auslösend wirken. So werden die chemischen Prozesse bei Sprengstoffen durch Zündung zum Ablauf gebracht.

Die Tatsache, daß man die Wärme als eine Form der Energie auffassen kann, macht es möglich, alle Naturvorgänge, die mit Wärmeerscheinungen verbunden sind, unter dem Gesichtspunkte der Energie zu betrachten. Da nun alle chemischen Prozesse mit Wärmeerscheinungen verbunden sind, so müssen auch die chemischen Vorgänge energetischer Natur sein.

Je nachdem bei einer chemischen Reaktion Wärme entwickelt oder aufgenommen wird, bezeichnet man die Reaktion als exothermische oder endothermische. Die einen chemischen Vorgang begleitende Änderung des Wärmezustandes heißt Wärmetönung. Exothermische Vorgänge bezeichnet man als solche mit positiver Wärmetönung, endothermische als solche mit negativer Wärmetönung.

Je nach der Art des Vorganges, welcher die Wärmetönung veranlaßt, unterscheidet man Bildungs-, Zersetzungs-, Neutralisations-, Lösungs-, Verbrennungswärme usw.

Die Wärmetönung berechnet man auf Mole. Chemische Gleichungen, welche nicht bloß die Gewichtsmengen der betreffenden Substanzen, sondern auch die mit dem betreffenden Prozesse verbundenen Wärmetönungen angeben, heißen **thermochemische Gleichungen.**

Die Wärmetönung wird von der Temperatur und der Formart beeinflußt, man bezieht daher die Wärmemengen auf den Zustand, in welchem sich die reagierenden Stoffe bei 18° befinden und fügt, wenn die Formart sich aus der Gleichung nicht eindeutig ergibt, diese dem chemischen Zeichen in Klammern hinzu. So z. B. bezeichnet die energetische Gleichung H_2O (flüssig) = H_2O fest + 1,44 Kal., daß zur Umwandlung von 18 g Eis von 0° in Wasser von 0° eine Wärmemenge von 1,44 Kal. verbraucht wird. 1 g Eis benötigt daher 1,44/18 = 0,08 Kal., und 1 kg Eis von 0° braucht daher 80 Kal., um in Wasser von 0° verwandelt zu werden. 1 kg Wasser von 0° unterscheidet sich also von 1 kg Eis von 0° durch einen größeren Energiegehalt von 80 Kal. Die obige thermochemische Gleichung bezeichnet also die molekulare Schmelzwärme des Wassers.

Fester und flüssiger Aggregatzustand stellen Erscheinungsformen ein und desselben Stoffes dar, die durch Energiegehalt verschieden sind. Der Energieunterschied zwischen 1 kg Eis von 0° und 1 kg Wasser von 0° beträgt 80 Kal. Wir kennen aber nur den Unterschied der beiden Energien, nicht ihre absoluten Beträge, die aus der Summe der potentiellen und kinetischen Energie der Molekeln bestehen. Bei der umgekehrten Verwandlung von Wasser in Eis muß also Wärme frei werden. Es wird demnach auch bei Beginn des Winters durch die Eisbildung eine große Wärmemenge frei. Dadurch wird ein plötzlicher Temperaturfall vermieden und ein allmählicher Übergang vermittelt, der für die Pflanzen- und Tierwelt von Wichtigkeit ist.

Die thermochemische Gleichung: H_2O (Gas) = H_2O (flüssig) + 9,702 Kal. bedeutet, daß zur Umwandlung von 18 g Wasser von 100° in Dampf von derselben Temperatur eine Wärmemenge von 9,702 Kal. verbraucht werden. Es verbraucht daher 1 g Wasser 9,702/18 = 0,539 Kal. und 1 kg Wasser 539 Kal. Die Verdampfungswärme von 1 kg Wasser beträgt also 539 Kal., die molekulare Verdampfungswärme des Wassers ist gemäß der Formel = 9,702 Kal.

Wie der flüssige vom festen, so unterscheidet sich auch der gasförmige vom flüssigen Aggregatzustande durch den Energiegehalt, und zwar enthält 1 kg Wasserdampf von 100 g eine Energiemenge von 539 Kalorien mehr als 1 kg Wasser von 100°. Diese Wärmemenge muß gemäß dem Erhaltungsgesetze wieder abgegeben werden, wenn man Wasserdampf kondensiert, d. h. in Wasser verwandelt. Da der Dampf bei seinem Übergange in den flüssigen Zustand eine so große Wärmemenge abgibt, so eignet er sich vorzüglich als Überträger der Wärme. Das wird in Form der Dampfheizung benutzt. Hierbei wird in der Feuerung die Wärme zunächst dazu verwendet, Wasser in Dampf zu verwandeln. Dieser wird dann in Rohre geleitet, wo er sich zu Wasser verdichtet und die Wärme wieder abgibt. In der Natur vollzieht sich der Energietransport durch Wasserdampf in großem Maßstabe. In heißen Gegenden, besonders auf den Meeren, verdunsten ungeheure Wassermassen, welche große Mengen von Sonnenwärme binden. Diese Sonnenenergie wird mit dem Wasserdampf durch Luftströmungen in kältere Gebiete getragen. Hier verdichtet sich der Wasserdampf zu Wolken und Niederschlägen. Dabei gibt jedes Kilogramm Wasser 539 Kalorien ab. Es erfolgt demnach durch den Wasserdampf eine fortwährende Übertragung von Sonnenenergie aus warmen Gegenden in kalte und damit ein Ausgleich klimatischer Gegensätze.

Die Bildungswärme einer Verbindung ist die Anzahl Kalorien, welche sich entwickelt, wenn sich ein Mol der Verbindung aus den Elementen bildet. Wenn z. B. 78 g Schwefelnatrium ($Na_2S = 46 + 32$) sich aus 46 g festem Natrium und 32 g festem Schwefel bilden und das Reaktionsprodukt wieder auf die Anfangstemperatur des Versuches zurückgebracht ist, so beträgt die Anzahl der bei diesem Vorgange abgegebenen Kalorien 87 und diese Größe ist die Bildungswärme des Schwefelnatriums. Man bezeichnet diese Tatsache durch die Gleichung: $Na_2, S = 87$ Kal.

Die Reaktionswärme ist die Wärmemenge, welche der molekularen Menge der reagierenden Stoffe entzogen ist, wenn das System nach beendeter Reaktion seine Anfangstemperatur wieder angenommen hat. So ist 87 Kal. die Reaktionswärme der Einwirkung:

$$2\,Na\ (\text{fest}) + S\ (\text{fest}) = Na_2S\ (\text{fest}).$$

Die thermochemische Reaktion wird also folgenderweise bezeichnet:

$$2\,Na\ (\text{fest}) + S\ (\text{fest}) = Na_2S\ (\text{fest}) + 87\ \text{Kal.}$$

Wenn eine Reaktion nur in kalorischer Hinsicht betrachtet wird, so ist es nicht notwendig, sich streng der molekularen Bezeichnung zu bedienen. So kann man z. B. die Reaktion: $2\,H_2 + O_2 = 2\,H_2O + 136{,}8$ Kal. einfacher durch die Gleichung: $H_2 + O = H_2O + 68{,}4$ Kal. ausdrücken. Die Gleichung drückt aus, daß bei der Vereinigung von 2,016 g Wasserstoff und 16 g Sauerstoff zu flüssigem Wasser eine Wärmemenge von 68,4 Kal. entwickelt wird.

Ein Grammatom Stickstoff ($N = 14$ g) verbindet sich mit 3 Grammatomen Chlor ($Cl_3 = 3 \times 35{,}4 = 106{,}2$ g) unter Absorption von 43 Kal.: $N + Cl_3 = NCl_3$ (flüssig) $- 43$ Kal. Die Reaktion bei der Bildung von Chlorstickstoff ist eine endothermische. Im allgemeinen sind Verbindungen stabil gegen Erhitzung und Stoß, wenn ihre Bildungswärme positiv ist, und diese Stabilität nimmt zu, je nachdem die Bildungswärme größer ist. Eine negative Bildungswärme hingegen ist meistens von Labilität begleitet. Wasserdampf und Chlorwasserstoff, deren molekulare Bildungswärme + 68, bzw. 22 Kalorien beträgt, werden nur bei sehr hoher Temperatur um einen geringen Teil zerlegt und von Druck oder Stoß gar nicht beeinflußt. Chlorstickstoff hingegen, dessen Bildungswärme — 43 Kal. ist, ist äußerst labil und zerfällt bei der geringsten äußeren Ursache, z. B. mechanische Erschütterung, unter Explosion in Chlor und Stickstoff.

Die Bildungswärme des Kohlenoxyds, welche direkt nicht bestimmt werden kann, ist abgeleitet aus der Verbrennung von Kohlenstoff zu Kohlendioxyd und der Verbrennung des Kohlenoxyds zu Kohlendioxyd:

$$C + O_2 = CO_2 + 94{,}3 \text{ Kal.},$$

$$CO + O = CO_2 + 67{,}7 \text{ Kal.},$$

$$\text{also } C,O = C,O_2 - CO,O = 94{,}3 \text{ Kal.} - 67{,}7 \text{ Kal.} = 26{,}6 \text{ Kal.}$$

Aus dem vorliegenden Falle ist ersichtlich, daß bei der stufenweisen Oxydation des Kohlenstoffes die größere Wärmemenge erst bei der Verbrennung des Kohlenoxydes zu Kohlendioxyd frei wird. Daher bedeutet es einen großen Energieverlust, wenn bei Verbrennungsprozessen viel Kohlenoxyd entweicht. Das geschieht beispielsweise beim Hochofenprozeß. Die Verluste werden dadurch vermieden, daß man die entweichenden Gase zum Betriebe von Gasmotoren oder zum Vorwärmen der zum Einführen in den Hochofen bestimmten Luft verwendet.

Aus der hohen Verbrennungswärme des Kohlenstoffes (beim Verbrennen von 1 g Kohle zu Kohlendioxyd werden 7,86 Kal. entwickelt) erhellt, welche ungeheuren Energievorräte wir in den Kohlenlagern besitzen.

Die chemische Energie kann sich nicht bloß in Wärmeenergie, sondern auch in Volumenergie umwandeln, deren Kapazitätsfaktor das Volum und deren Intensitätsfaktor der Druck ist. Dies geschieht dann, wenn bei einem chemischen Vorgange das Volum der entstehenden Stoffe größer ist als das der ursprünglich vorhandenen. Die Arbeitsmöglichkeit, die in der Volumvergrößerung besteht, ist besonders groß bei denjenigen chemischen Prozessen, in denen aus festen oder flüssigen Stoffen Gase entstehen. Diese nehmen einen viel größeren Raum ein als die Stoffe in anderen Formarten. Wenn sie in einem geschlossenen Raum entstehen, vermögen sie oft ungeheure Drucke auszuüben. Dazu kommt noch, daß bei den Prozessen auch noch Wärme entsteht, die den Druck der Gase noch steigert. An den Sprengstoffen treten die Vorgänge der chemischen Energie besonders deutlich hervor. Sie stellt diejenige Art dar, in welcher die Energie am stärksten konzentriert ist, d. h. wo in einem Minimum von Raum ein Maximum von Energiemenge vorhanden ist. Außerdem läßt sie sich leicht transportieren. Ihre besondere Bedeutung liegt jedoch in der Aufbewahrungsmöglichkeit dieser Energieform. Die Stoffe können nämlich die chemische Energie, welche sie enthalten, außerordentlich lange aufbewahren, ohne daß sie verloren geht.

Ein heißer Körper kühlt sich beispielsweise sehr schnell ab, die elastischen Körper verlieren nach einiger Zeit ihre Elastizität, die elektrische Energie zerstreut sich ebenso wie es die Wärmeenergie tut. Zur Aufbewahrung eignet sich allein die Energie in chemischer Form. Die Energie der Steinkohlen beispielsweise, diejenige Energieform, von der der allergrößte Teil unserer Technik und Industrie abhängt, ist chemische Energie, welche Jahrmillionen alt ist. Es ist chemische Energie vorweltlicher Pflanzen.

Die Energie, die bei der Verbrennung als Wärme abgegeben wird, treibt nicht nur unsere Dampfmaschinen, macht nicht nur unsere Nahrung durch das Kochen genießbar, wärmt nicht nur im Winter unsere Wohnungen, sondern steht zum Menschen in einem noch weit innigerem Verhältnis. Im Körper werden der Kohlenstoff und der Wasserstoff der Nahrung mittels des Sauerstoffes der Luft zu Kohlendioxyd und Wasser verbrannt und dabei entsteht gerade so viel Wärme, als wenn wir das gleiche Quantum dieser Stoffe außerhalb des Körpers im Ofen verbrennen würden. Auch der stickstoffhaltige Bestandteil, das Eiweiß, erleidet chemische Veränderungen, bei denen Wärme entsteht und die dazu führen, daß aus dem Eiweiß Harnstoff als Endprodukt entsteht.

Die chemische Energie, welche durch die Verbrennung im Körper frei wird, geht nicht unmittelbar gänzlich in Wärmeenergie über, sondern verwandelt sich zum Teil unmittelbar in mechanische Bewegung. Unser Herz z. B. befindet sich in beständiger Bewegung und leistet, wie Versuche ergeben haben, im Laufe von 24 Stunden eine Arbeit von rund 87 000 mkg. Das entspricht bei der Äquivalenz von 427 mkg mit einer Kalorie einer Energiemenge von rund 204 Kal. Diese ganze Arbeit des Herzens verwandelt sich durch die Reibung des Blutes an den inneren Wandungen der Blutgefäße wieder in Wärme und trägt daher nicht unbedeutend zur Erhaltung der gleichmäßigen Temperatur des Körpers bei. In ähnlicher Weise entsteht bei jeder anderen Muskelbewegung, soweit nicht dadurch eine nach außen merkbar werdende Arbeit geleistet wird, innerhalb unseres Körpers Wärme. Durch die Reibung, welche bei der Muskelbewegung im Inneren unseres Körpers entsteht, das Hin- und Hergeleiten der Muskeln, das Reiben der Knochengelenke aneinander, wird gleichzeitig auch bei der Leistung einer mechanischen Arbeit, bei welcher ein entsprechender Teil der Wärmeenergie des Körpers eben in mechanische Energie verwandelt wird, Wärme erzeugt.

Die im Organismus auftretenden Energieformen, wie Wärme, mechanische Energie und elektrische Energie, haben also ihre Quelle in der chemischen Energie der zugeführten Nahrung unter der Mitwirkung des Sauerstoffes der Luft.

Ein ruhender oder leicht arbeitender Mann von etwa 70 kg Körpergewicht erzeugt in 24 Stunden 2400 Kalorien; er muß daher eine solche Menge Nahrung zu sich nehmen, welche auch außerhalb des Organismus beim Verbrennen diese Wärmemenge erzeugt; denn im Hungerzustande bildet das Material für die Verbrennungsreaktion der Organismus selbst. Man sollte eigentlich erwarten, daß ein körperlich schwer arbeitender Mensch weniger Wärme produzieren sollte als ein ruhender. Denn der arbeitende Mensch gibt ja einen Teil seiner Energieeinnahme in Form von mechanischer Energie wieder aus, und dieser Teil kann natürlich nicht in Form von Wärme den Körper verlassen, er muß von der gesamten Wärmeproduktion abgezogen werden. Trotzdem erzeugt ein arbeitender Mensch eine viel größere Wärmemenge als ein ruhender. Das kommt daher, daß der arbeitende Organismus nicht bloß den durch die geleistete Arbeit entstehenden Verlust decken muß, sondern darüber hinaus einen Wärmeüberschuß erzeugt. Der Körper verhält sich in dieser Beziehung wie eine Dampfmaschine, die auch nur etwa 16 % von der Energie des Brennmaterials in mechanische Arbeit umzuwandeln vermag, den größeren Teil aber als Wärme ohne Nutzen nach außen abgibt. Die umgesetzte Energie kann bei körperlicher Arbeit dem Ruhezustande gegenüber mehr als das Doppelte betragen. Nun wird aber keineswegs der ganze Mehraufwand in äußere Muskelarbeit umgesetzt. Diese beträgt im günstigsten Falle 20 % des Mehraufwandes an Energie. Die Nutzungswerte des menschlichen Körpers entsprechen daher ungefähr den Nutzeffekten der Dampfmaschinen. Ein arbeitender Mensch muß über das normale Kostmaß hinaus viel mehr Nahrung zu sich nehmen als der geleisteten Arbeit entspricht. Drücken wir die Menge der Nahrung in Kalorien aus, so braucht ein Mann bei leichter Arbeit 2450 Kalorien, bei mittlerer Arbeit 3050 Kalorien und bei schwerster Arbeit 5500 Kalorien. Je nach der von ihm geforderten Arbeitsleistung wird also der Mensch gezwungen sein, die den Kalorien entsprechende Menge von Nahrung zu verzehren. Da durch Versuche festgestellt ist, daß 1 g Kohlenhydrate beim Verbrennen 4,1 Kalorien und 1 g Fett 9,3 Kalorien liefert und daß ferner 1 g Eiweiß bei seiner chemischen Veränderung im Organismus 4,1 Kalorien entwickelt, so können aus diesen Daten die entsprechenden Mengen der aufzunehmenden Nahrungsmittel berechnet werden.

Äquivalentgewichte.

Im Chlorwasserstoff (HCl) sind mit 1 Gewichtsteil Wasserstoff 35,4 Gewichtsteile Chlor, im Wasser (H_2O) mit 1 Gewichtsteil Wasserstoff 8 Gewichtsteile Sauerstoff und im Ammoniak (NH_3) mit 1 Gewichtsteil Wasserstoff $4^2/_3$ Gewichtsteile Stickstoff verbunden.

35,4 Gewichtsteile Chlor (diejenige Menge, welche sich mit 1 Gewichtsteil Wasserstoff verbindet) vereinigen sich mit 23 Gewichtsteilen Natrium, 39 Gewichtsteilen Kalium, 108 Gewichtsteilen Silber.

Mit 23 Gewichtsteilen Natrium verbinden sich 80 Gewichtsteile Brom und 127 Gewichtsteile Jod; und mit genau denselben Gewichtsteilen Brom und Jod vereinigen sich 39 Gewichtsteile Kalium und 108 Gewichtsteile Silber.

8 Gewichtsteile Sauerstoff (diejenige Menge, welche sich mit 1 Gewichtsteil Wasserstoff verbindet) verbinden sich mit folgenden Gewichtsmengen der Metalle: mit 20 Teilen Kalzium, 100 Teilen Quecksilber, 12 Teilen Magnesium, 103,5 Teilen Blei, 31,5 Teilen Kupfer, 32,5 Teilen Zink, 23 Teilen Natrium, 39 Teilen Kalium.

Mit 100 Gewichtsteilen Quecksilber verbinden sich 16 Gewichtsteile Schwefel, und mit dieser Menge Schwefel verbinden sich dieselben Gewichtsmengen der Metalle, welche sich mit 8 Gewichtsteilen Sauerstoff vereinigen. Mit 16 Gewichtsteilen Schwefel verbinden sich 28 Gewichtsteile Eisen.

Chlor vermag Brom und Jod aus ihren Verbindungen abzuscheiden; dabei verdrängen 35,4 Gewichtsteile Chlor 80 Gewichtsteile Brom und 127 Gewichtsteile Jod.

Die Metalle verdrängen durch Substitution Wasserstoff bei ihrer Einwirkung auf Säuren. Diejenigen Gewichtsmengen der Metalle, welche sich mit 35,4 Gewichtsteilen Chlor oder mit 8 Gewichtsteilen Sauerstoff vereinigen, verdrängen 1 Gewichtsteil Wasserstoff.

Bei der Einwirkung von Eisen oder Zink auf Kupfervitriollösung entsteht Eisen- oder Zinksulfat unter Ausscheidung von Kupfer, und zwar verdrängen 28 Gewichtsteile Eisen oder 32,5 Gewichtsteile Zink 31,5 Gewichtsteile Kupfer.

Jene Gewichtsmenge der Elemente, welche sich mit einem Gewichtsteile Wasserstoff oder mit derjenigen Gewichtsmenge eines anderen Elementes verbinden, die sich mit 1 Gewichtsteile Wasserstoff vereinigen, nennt man die Äquivalentgewichte der Elemente. Je 1 Äquivalentgewicht eines Elementes kann je 1 Gewichtsteil Wasserstoff vertreten. Man erhält also das Äquivalentgewicht eines Elementes, wenn man sein Atomgewicht durch die Valenz dividiert: Aus der Formel des Wassers H_2O ergibt sich die Zweiwertigkeit des Sauerstoffes, das Äquivalentgewicht des Sauerstoffes ist daher $O/2 = 8$, d. h. mit 1 Gewichtsteil Wasserstoff verbinden sich 8 Gewichtsteile Sauerstoff. Aus der Formel des Ammoniaks NH_3 berechnet sich das Äquivalentgewicht des Stickstoffes $N/3 = 14:3 = 4^2/_3$ usw.

Der Begriff der Wertigkeit oder Valenz wird auch auf Atomgruppen ausgedehnt. So ergibt sich aus der Formel des Wassers (H·OH) und der Hydroxyde (Na·OH) die Einwertigkeit der Hydroxylgruppe OH, aus der Formel der Nitrate (z. B. $NaNO_3$) die Einwertigkeit der Gruppe NO_3, aus der Formel der Schwefelsäure und der Sulfate (H_2SO_4, Na_2SO_4, $CaSO_4$ usw.) die Zweiwertigkeit der Sulfatgruppe SO_4. Das in Grammen ausgedrückte Äquivalentgewicht eines Elementes oder einer Gruppe von Elementen nennt man ein Grammäquivalent des betreffenden Stoffes. So z. B. ist

1	Grammäquivalent	Wasserstoff	=	1	g Wasserstoff,
1	,,	Sauerstoff	=	8	,, Sauerstoff,
1	,,	Chlor	=	35,46	,, Chlor,
1	,,	SO_4	$= \frac{96}{2} =$	48	,, SO_4.

Es muß noch bemerkt werden, daß ein und dasselbe Element in verschiedenen Verbindungen mit verschiedenem chemischen Werte auftreten kann. So ist das Eisen im Ferrochlorid $FeCl_2$ und im Ferrosulfat $FeSO_4$ zweiwertig, im Ferrichlorid $FeCl_3$ und im Ferrisulfat $Fe_2(SO_4)_3$ dreiwertig; Quecksilber ist im Merkurochlorid HgCl und im Merkuronitrat $HgNO_3$ einwertig, im Merkurichlorid $HgCl_2$ und im Merkurinitrat $Hg(NO_3)_2$ zweiwertig; im Kuprochlorid CuCl ist das Kupfer einwertig, im Kuprisulfat $CuSO_4$ zweiwertig. Ebenso verhalten sich andere Elemente.

Elemente mit wechselnder Wertigkeit haben daher kein konstantes Äquivalentgewicht. So ist z. B. das Äquivalentgewicht des Kupfers in den Kuproverbindungen (CuCl) 63,6, in den Kupriverbindungen ($CuCl_2$) aber $63,6/2 = 31,8$.

1 Milligrammäquivalent nennt man das in Milligrammen ausgedrückte Äquivalentgewicht eines Stoffes.

1 Milligrammäquival.	Silber	(Ag = 107,88) =		107,88 mg Silber,
1 „	Chlor	(Cl = 35,46) =		35,46 „ Chlor,
1 „	SO_4	(32 + 64 = 96) =	$\frac{96'}{2}$ =	48,00 „ SO_4,
1 „	Kupfer	(in Kupriverbindungen) =	$\frac{63,6}{2}$ =	31,8 „ Kupfer.

Elektrolyse.

Eine chemische Verbindung, welche in gelöstem oder geschmolzenem Zustande die Elektrizität leitet, nennt man einen Elektrolyten.

Läßt man durch eine wässerige Lösung eines Elektrolyten einen elektrischen Strom gehen, so finden darin gewisse Umsetzungen statt, welche man unter dem Namen Elektrolyse zusammenfaßt. Die Stellen, an welchen der Strom in die Lösung hineintritt, beziehungsweise dieselbe verläßt, nennt man Elektroden. Man unterscheidet dieselben durch die Namen Anode[1]) (positive Elektrode) und Kathode[1]) (negative Elektrode). Der Größe des Leitvermögens entsprechend unterscheidet man zwischen Elektrolyten, Halbelektrolyten und Nichtelektrolyten. Die erste Klasse umfaßt alle Salze und die starken Säuren und Basen, z. B. Salzsäure, Schwefelsäure, Kalium- und Natriumhydroxyd. Die Halbelektrolyte sind die Lösungen schwacher Säuren und Basen, z. B. Essigsäure, Ammoniak. Nichtelektrolyte sind neutrale Stoffe, die keine Salze sind, wie Zucker, Alkohol, Harnstoff usw.

Jene Strom- oder Elektrizitäts**menge**, welche 0,01036 Milligramm-Äquivalente eines Stoffes ausscheidet, bildet die Einheit der Elektrizitäts**menge** und wird Coulomb genannt. 1 Coulomb scheidet daher z. B. 0,01036 × 107,88 = 1,118 mg Silber aus.

Fließt die Elektrizitätsmenge von 1 Coulomb durch den Querschnitt eines Leiters während einer Sekunde, so bedeutet das, daß die Strom**stärke** 1 Ampère beträgt.

Da 1 Coulomb 0,01036 (genau 0,0103584) Milligramm-Äquivalente eines Stoffes abscheidet, so werden zur Abscheidung eines Gramm-Äquivalentes 1000 : 0,0103584 = 96540 Coulombs benötigt.

Durch 1 Coulomb wird also 1,118 mg Silber ausgeschieden. Man nennt diese Zahl das elektrochemische Äquivalent des Silbers.

Da die elektrochemischen Äquivalente sich wie die chemischen Äquivalentgewichte verhalten, so läßt sich das elektrochemische

---

[1]) gr. hodós Weg; die Vorsilben An- und Kat- bedeuten aufwärts (stromaufwärts) und abwärts (stromabwärts).

Äquivalent jedes anderen Elementes oder jeder anderen Elementgruppe berechnen.

So findet man z. B. das elektrochemische Äquivalent des Bleies aus dem Ansatze:

$$1{,}118 : x = 107{,}88 : \frac{207{,}10}{2} \quad (\mathrm{Ag}^{\cdot} = 107{,}88,\ \mathrm{Pb}^{\cdot\cdot} = 207{,}10).$$

$$x = 1{,}073 \text{ mg}.$$

Faraday beobachtete, daß der Betrag der Zersetzung in einem Elektrolyten proportional der ihn durchfließenden Elektrizitätsmenge ist. So z. B. entspricht jedes Gramm Wasserstoff und das Grammäquivalent jedes anderen Elementes oder jeder anderen Elementgruppe, das durch einen elektrischen Strom in Freiheit gesetzt wird, einem Elektrizitätsdurchgange durch die Flüssigkeit von 96540 Coulombs. Eine gegebene Elektrizitätsmenge, die durch eine Lösung von Kupfersulfat hindurchgeht, schlägt immer die gleiche Menge Kupfer auf der Kathode nieder. Hierauf gründet sich der Gebrauch des Wasser- und Kupfervoltameters, mit deren Hilfe eine Elektrizitätsmenge durch Bestimmung des ausgeschiedenen Wasserstoffes oder Kupfers gemessen wird.

Die an der Anode oder Kathode gleichzeitig aus einer Lösung abgeschiedenen Stoffmengen stehen zueinander im Verhältnis ihres Äquivalentgewichtes.

1 Ampère scheidet pro Minute 0,06708 g Silber oder 0,0197 g Kupfer ab und entwickelt in dieser Zeit 10,44 cm^3 Knallgas ($H_2 + O$) von 0^0 und 760 mm Barometerdruck.

Als Einheit des elektrischen Widerstandes ist der Widerstand gewählt, den eine Quecksilbersäule von 106,3 cm Länge und 1 mm^2 Querschnitt bei 0^0 besitzt. Der betreffende Widerstand wird als Ohm bezeichnet. Die Siemens-Quecksilbereinheit ist der Widerstand einer Quecksilbersäule von genau 100 cm Länge (1 Meter) und 1 mm^2 Querschnitt.

Angenommen, die Quecksilbersäule von 106,3 cm Länge und 1 mm^2 Querschnitt sei in einen Stromkreis eingeschaltet und die gemessene Stromstärke sei 2 Ampère. Entfernen wir nun den Quecksilberwiderstand und ersetzen ihn durch einen Kupferdraht von 1 mm^2 Querschnitt, so findet man, daß man wieder einen Strom von 2 Ampère erhält, wenn der Kupferdraht eine Länge von 60 m hat. 60 m Kupferdraht von 1 mm^2 Querschnitt haben also denselben elektrischen Widerstand wie eine Quecksilbersäule von 106,3 cm Länge und 1 mm^2 Querschnitt, d. h. ihr Widerstand beträgt 1 Ohm. Mithin ist der Widerstand in einem Kupferdrahte von 1 m Länge und 1 mm^2 Querschnitt gleich $^1/_{60}$ Ohm. Diesen Widerstand nennt man den spezifischen Widerstand des Kupfers. Allgemein versteht man unter dem spezifischen Widerstand *Ws* eines Stoffes den in Ohm ausgedrückten Widerstand, den der Strom in einem Drahte (Säule) von 1 m Länge und 1 mm² Querschnitt, hergestellt aus dem betreffenden Stoffe, findet. Den reziproken Wert $1/Ws$ nennt man die spezifische Leitfähigkeit des betreffenden Stoffes.

Für Lösungen wird nach Kohlrausch als Einheit das Leitvermögen eines Stoffes angenommen, von welchem ein Würfel von 1 cm Seitenlänge zwischen zwei gegenüberliegenden Flächen als Elektroden den Widerstand von 1 Ohm besitzt.

Die spezifische Leitfähigkeit, bezogen auf eine Säule von 1 cm² Querschnitt und 1 cm Länge, bezeichnet man mit $\varkappa$; sie ist abhängig von der Natur der gelösten Substanz, vom Lösungsmittel, von der Konzentration der Lösung und von der Temperatur. Wenn man die spezifische Leitfähigkeit verschiedener Elektrolyte miteinander vergleichen will, so wählt man solche Konzentrationen, daß in 1 cm³ der verschiedenen Lösungen äquivalente Mengen der verschiedenen Stoffe gelöst sind. Die Anzahl Grammäquivalente, die sich in 1 cm³ einer Lösung befinden, nennt man die Konzentration derselben und bezeichnet sie mit η.

Beispiel: In 1 l = 1000 cm³ seien 5 g Kochsalz gelöst. Da 1 Grammäquivalent Chlornatrium (NaCl = 23 + 35,46) gleich 58,46 g ist, so enthalten 1000 cm³ 5/58,46 Grammäquivalente und $\eta = 1/1000 \cdot 5/58{,}46 = 0{,}000085$.

Da η die Anzahl Grammäquivalente ist, die in 1 cm³ gelöst sind, so gibt $1000\,\eta$ an, wieviel Grammäquivalente 1 l der Lösung enthält. Den Quotienten, den man erhält, wenn man die spezifische Leitfähigkeit $\varkappa$ durch η dividiert, nennt man die äquivalente Leitfähigkeit, also

$$\Lambda = \frac{\varkappa}{\eta}.$$

Beispiel: Eine Chlorkaliumlösung, die in 1 l 50 g des Salzes enthält, zeigt die spezifische Leitfähigkeit (reziproker Wert des Widerstandes in 1 cm³ der Lösung) 0,0624.

Bei gleicher Konzentration wäre 1 Grammäquivalent Chlorkalium (KCl = 39 + 35,46), nämlich 74,46 g, in 1489 cm³ gelöst (50 : 1000 = 74,46 : x). Mithin ist $\eta = 1/1489$ und $\Lambda = 0{,}0624 : 1/1489 = 0{,}0624 \times 1489 = 92{,}9$ oder rund 93.

Λ ist also die Leitfähigkeit (der reziproke Wert des Widerstandes) einer Flüssigkeitsschichte von 1 cm Dicke (Länge), deren Querschnitt so groß ist, daß das ganze Volum der Schichte 1 Grammäquivalent des Stoffes in gelöstem Zustande enthält.

Bezieht man die Werte der Leitfähigkeit auf äquimolare Mengen der gelösten Stoffe, so erhält man die molekulare Leitfähigkeit. Diese ist der äquivalenten Leitfähigkeit numerisch gleichwertig, wenn das Äquivalentgewicht des gelösten Stoffes gleich seinem Molekulargewichte ist (z. B. HCl, NaCl, KCl, $NaNO_3$).

Die molekulare Leitfähigkeit gelöster Säuren, Basen und Salze wächst mit der Verdünnung der Lösung und die Leitfähigkeitszunahme wird bei zunehmender Verdünnung kleiner und kleiner, bis schließlich die molekulare Leitfähigkeit konstant bleibt, obgleich man fortfährt, die Lösung weiter mit Wasser zu verdünnen.

So beträgt die molekulare Leitfähigkeit $\left(\Lambda = \frac{\varkappa}{\eta}\right)$ einer Chlorkaliumlösung, die im Liter 1 Mol des Salzes (KCl = 74,56 g) gelöst enthält, 98,2. Bringt man diese Lösung durch Hinzufügen von Wasser auf 2 Liter, so zeigt sich sodann eine Leitfähigkeit von 102,3. Eine Lösung von 1 Mol Kaliumchlorid in 1000 Litern Wasser zeigt die Leitfähigkeit 127,6 und eine Lösung von 1 Mol des Salzes in 10000 Litern Wasser (wie man sagt, bei „unendlicher Verdünnung“) besitzt den Grenzwert der Leitfähigkeit 129,5.

Wie Chlorkalium verhalten sich in dieser Beziehung alle Elektrolyte.

Die tatsächliche Bestimmung der molekularen Leitfähigkeit, wie sie gewöhnlich ausgeführt wird, soll in Folgendem kurz beschrieben werden.

Widerstandsbestimmung eines Elektrolyten mit Wechselströmen.

Zur Änderung sowohl der Stromstärke wie auch der Spannung innerhalb des durch die Eigenschaften der Stromquelle gewährten Bereichs benutzt man Widerstände. Meist werden in der elektrochemischen Praxis Metallwiderstände, auch Rheostate genannt, angewendet. Ein Stöpselrheostat (Fig. 7) besteht aus einer Reihe von Drahtspulen, jede mit bestimmtem und unveränderlichem Widerstand, die durch Stöpselung ein- oder ausgeschaltet werden können. Sind in einem Stöpselrheostaten sämtliche Stöpsel eingeschaltet, so geht der Strom durch die von der Stöpselung geschaffene, zusammenhängende Metalleiste, die praktisch keinen Widerstand leistet. Die Unterbrechung des Zusammenhangs der Metalleiste durch Ausschaltung von Stöpseln zwingt den Strom, die im Rheostatenkasten liegenden Drahtspulen, deren jede einen bestimmten Widerstand besitzt, zu durchfließen. Fig. 8 zeigt einen sche-

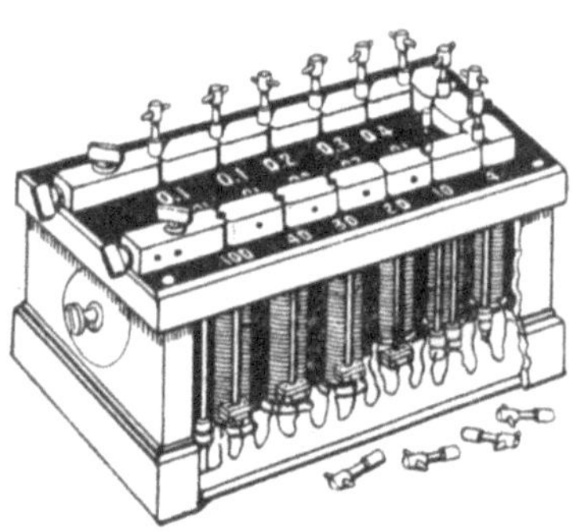

Fig. 7. Stöpselrheostat.

matischen Querschnitt eines solchen Rheostaten. Im skizzierten Falle würde der Widerstand 3 Ohm betragen.

Zur Ausführung von Widerstandsmessungen in Elektrolyten

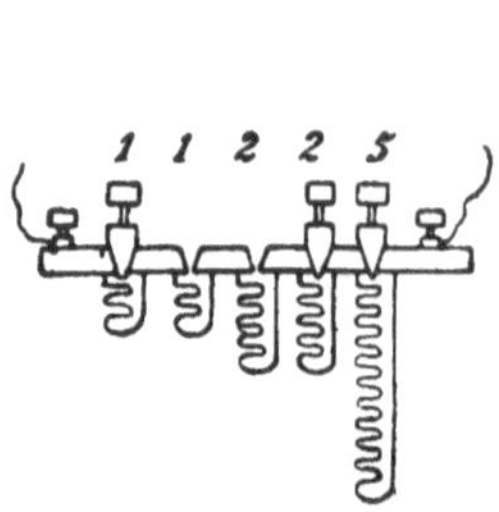

Fig. 8.

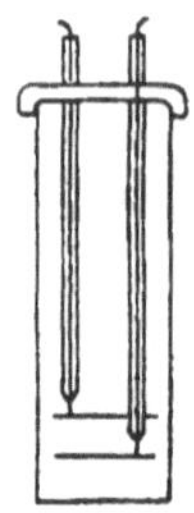

Fig. 9.

bedient man sich meist eines Gefäßes (Fig. 9) mit wagerechten, übereinander angeordneten Platinelektroden, denen der Strom von oben durch isolierte Drähte zugeführt wird.

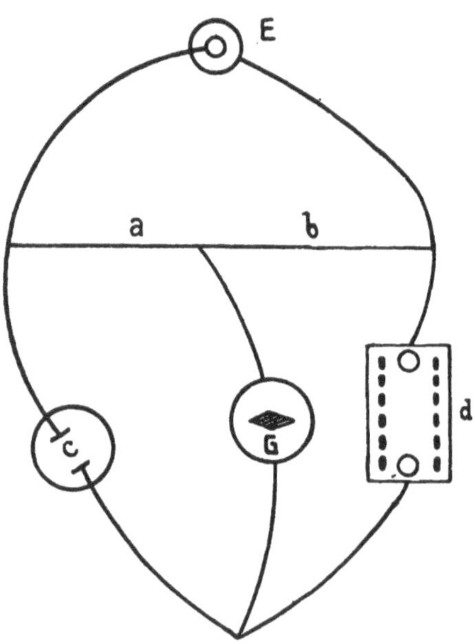

Fig. 10.

Die in Fig. 10 gezeichnete Skizze gibt ein Bild von der **Wheatstoneschen Brücke** zur Bestimmung von Widerständen. In der „Brücke" genannten Zweigleitung, die das Galvanometer G enthält, ist nach dem Kirchhoffschen Gesetz von der Stromverzweigung die Stromstärke gleich 0, wenn die Widerstände sich verhalten

$$a : b = c : d.$$

Sind also a und b zwei Leiter von gleichem Widerstande, c der gesuchte Widerstand, d ein Rheostat, in dem eine bekannte Anzahl Ohm aus- und eingeschaltet werden kann, G das Galvanometer und E die Stromquelle, so ist der eingestöpselte Widerstand gleich dem Gesuchten c, wenn durch das Galvanometer kein Strom mehr geht. Ist die Länge von a nicht gleich der von b, sind aber beide

Widerstände oder das Verhältnis a/b bekannt, so ist nach obiger Gleichung

$$c = \frac{a}{b} \cdot d\,.$$

Diese Angaben genügen, um die von Kohlrausch gegebene Methode zur Widerstandsbestimmung eines Elektrolyten verstehen zu können.

Die zur Messung benutzte Anordnung ist genau die der Wheatstonschen Brücke, nur benutzt man statt eines gleichgerichteten Stromes, damit sich keine Zersetzungsprodukte aus dem Elektrolyten abscheiden, die durch die auftretende Gegenspannung (Polarisation) scheinbar den Widerstand erhöhen, den Wechselstrom. Das Galvanometer, das nur für gleichgerichteten Strom brauchbar ist, ersetzt man durch ein Telephon.

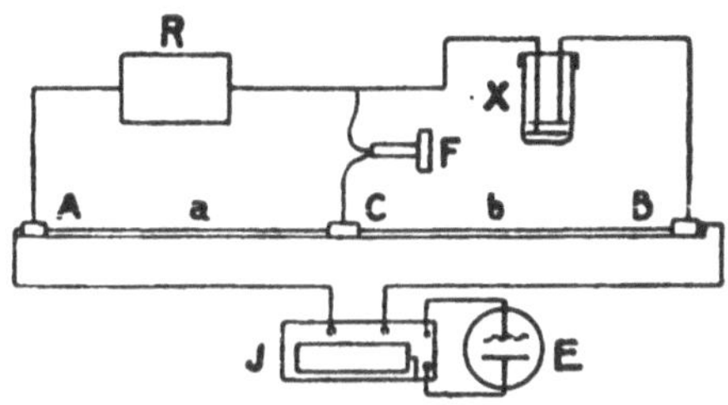

Fig. 11.

Fig. 11 zeigt den ganzen Meßapparat: X ist das Gefäß mit dem Elektrolyten, J der von der Stromquelle E betriebene Induktionsapparat, der den Wechselstrom liefert, R ein Rheostat, AB ein über einer Teilung befestigter Draht, der „Meßdraht", auf dem ein Kontakt C gleitet. Das Telephon F ist in die Brücke zwischen den beiden Strombahnen ACB und $ARXB$ eingeschaltet. Nach ungefährer Ausgleichung der Widerstände durch Stöpselung im Rheostaten, bis der Ton des Telephons möglichst schwach ist, wird durch den Schleifkontakt das genaue Tonminimum eingestellt.

Dann verhalten sich der unbekannte Widerstand in X (c) zu dem bekannten Widerstande im Rheostaten (d) wie die Längen BC (b) und AC (a) des Drahtes, es ist also, wie oben, $a/b = c/d$, $c = a/b \cdot d$, und die Leitfähigkeit $1/c = b/ad$.

Ist die Entfernung der beiden im Gefäße X befindlichen Elektroden gleich l cm, der Querschnitt der zwischen den beiden Elektroden befindlichen Flüssigkeitssäule, also der Flächeninhalt einer der beiden gleich großen, genau übereinander stehenden Elektroden q cm^2, so ist

$$\frac{1}{c} = \frac{b}{a\,d} \cdot \frac{q}{l}\,,$$

die spezifische Leitfähigkeit.

Die Energie des elektrischen Stromes.

Daß auch die Elektrizität als eine Form der Energie aufgefaßt werden kann, ergibt sich aus dem Wesen der Dynamomaschine und des elektrischen Motors. In der ersteren wird durch die Kraft des Dampfes oder des fallenden Wassers der Anker gedreht, also eine mechanische Arbeit verrichtet. Aus dieser entsteht der elektrische Strom. Dieser wird in den Motor geleitet, wo er umgekehrt den Anker in Bewegung setzt und dadurch eine mechanische Arbeit zu leisten vermag. Eine wichtige Quelle elektrischer Energie liegt in den chemischen Vorgängen, die mit Energieabgabe verbunden sind. Elektrische Energie wird aus der chemischen Form in den galvanischen Elementen gewonnen. Umgekehrt kann die elektrische Energie in chemische umgewandelt werden, wie dies z. B. bei der Elektrolyse geschieht oder bei der Umwandlung von Sauerstoff in Ozon durch dunkle elektrische Entladungen. Leistet die elektrische Energie keine Arbeit, so geht sie in Wärme über und erwärmt den Leiter (Joulesche Wärme). Die direkte Umwandlung elektrischer Energie in Wärmeenergie ist für die Chemie von großer Bedeutung. Mit Hilfe des elektrischen Stromes kann man sehr hohe Temperaturgrade (bis 3000°) erzeugen. Man unterscheidet zwischen Widerstandserhitzung und Lichtbogenerhitzung, je nachdem die Stromwärme in einem festen Körper oder im elektrischen Lichtbogen erzeugt wird.

James Prescott Joule (Dschaul) hat den Zusammenhang zwischen der Wärmeproduktion im stromdurchflossenen Leiter und dem den Leiter durchfließenden elektrischen Strom klargelegt. Er hat nachgewiesen, daß die durch einen elektrischen Strom in einem Leiter entwickelte Wärmemenge der Zeitdauer (z. B. Sekunden) des Stromflusses, der Größe des Widerstandes und dem Quadrate der Stromstärke proportional ist. Bezeichnet man die in t Sekunden erzeugten Wärmemengen mit C, und den Wärmeeffekt, das ist die in 1 Sekunde entwickelte Wärmemenge, mit $C/t = Q$, so ergibt sich $C/t = Q = a \cdot W \cdot J^2$, worin a eine Proportionalitätskonstante bedeutet. Da nach dem Ohmschen Gesetz die Stromstärke (Ampère $= J$) in einem Stromkreise der elektromotorischen Kraft (Volt $= E$) direkt und dem Widerstande des Stromes (Ohm $= W$) umgekehrt proportional ist:

$$\text{Stromstärke} = \frac{\text{elektromotorische Kraft}}{\text{Widerstand}},$$

$$\text{Ampère} = \frac{\text{Volt}}{\text{Ohm}} \quad \text{oder} \quad J = \frac{E}{W},$$

also $W J = E$ ist, so wird die Gleichung

$$\frac{C}{t} = Q = a W \cdot J \cdot J$$

durch Substitution von $W \cdot J$ durch E die Form erhalten:

$$\frac{C}{t} = Q = a \cdot E \cdot J = a \cdot \text{Volt} \cdot \text{Ampère}.$$

Diese Gleichung besagt, daß der Erwärmungseffekt, der in einem bestimmten Leiterstück entsteht, proportional ist der zwischen den Enden des Leiterstückes herrschenden Spannungsdifferenz (E = Volt) und der Stromstärke (J = Ampère) des durchfließenden Stromes.

Die nun entstandene Größe, welche durch Multiplikation einer elektromotorischen Kraft oder einer Spannungsdifferenz und einer Stromstärke entsteht, wird, dem mechanischen Effekt (mkg in einer Sekunde) entsprechend, elektrischer Effekt genannt. Sowie die Einheit des mechanischen Effektes 1 mkg in einer Sekunde bildet, so ist die Einheit des elektrischen Effektes 1 Volt × 1 Ampère in 1 Sekunde. Diese Einheit wird Voltampère oder Watt genannt. Der tausendfache Wert heißt Kilowatt.

Es ist also:

Coulomb	= Einheit der	Elektrizitätsmenge,
Ampère = $\frac{\text{Coulomb}}{\text{Sekunde}}$	= „ „	Stromstärke,
Volt	= „ „	Spannung,
Joule = 1 Coulomb × 1 Volt	= „ „	Arbeit,
Watt = 1 Volt × 1 Ampère	= „ „	Arbeit in der Sekunde = Effekt.

Die Energie des elektrischen Stromes stellt sich also als Produkt aus Stromstärke (Quantitätsfaktor) und Spannung (Intensitätsfaktor) dar.

Indem man nun experimentell feststellt, welche Wärmemenge durch die elektromotorische Kraft eines Volts bei der Stromstärke von einem Ampère in einer Sekunde geliefert wird, falls die Umwandlung in Wärme quantitativ vor sich geht, erhält man einen zahlenmäßigen Zusammenhang zwischen elektrischer Energie und Wärmeenergie und damit auch den Zusammenhang zwischen elektrischer und mechanischer Energie.

Der Versuch ergibt, daß ein Voltampère in der Sekunde eine Wärmemenge von 0,234 Grammkalorien abgibt, also eine Wärmemenge, welche die Temperatur von 0,234 g Wasser von 18° auf 19° zu erhöhen vermag.

0,234 Grammkalorien*[1]) = 1 Watt,

1 Grammkalorie* daher $^1/_{0{,}234}$ = 4,27 Watt.

1 Kilogrammkalorie* = 1 Kal* = 1000·4,27 = 4270 Watt.

[1]) Das Zeichen * bedeutet: pro Sekunde. Da 1 Watt = 1 Sekunden-Joule, so ist beim Weglassen der Zeichen für Watt = Joule zu lesen.

Nun ist 1 Kal* = 427 mkg*, also 4270 Watt = 427 mkg*
und 1 Watt = $^{427}/_{4270}$ = 0,1 mkg*,
1 Kilowatt = 1000 Watt = 100 mkg* = $1^1/_3$ Pferdestärken.
0,1 mkg* = 1 Watt, 1 mkg* = 10 Watt, 75 mkg* (1 PS) = 750 Watt;
1 Pferdestärke ist also gleich 750 Watt.

Mit Hilfe dieser Beziehungen kann aus der chemischen Wärmetönung die gewinnbare elektrische Energie für den Fall berechnet werden, daß die Reaktion elektrische Energie zu liefern vermag und umgekehrt kann auch bei gegebenen elektrischen Verhältnissen die in maximo erzielbare chemische Arbeit berechnet werden, vorausgesetzt, daß es sich um quantitative Übergänge einer Energieform in die andere handelt.

Im wissenschaftlichen Maßsystem ist das Gewicht eine Kraft, also das Produkt aus der Masse des Körpers in Grammen und der Beschleunigung, die 981 cm oder rund 1000 cm beträgt (d. h. der frei fallende Körper hat am Ende der ersten Sekunde eine Geschwindigkeit von 1000 cm, am Ende der zweiten Sekunde von doppelt soviel usw.). Die physikalische Einheit der Kraft heißt Dyne. Es ist die Kraft, welche einem Körper von der Masse 1 g in 1 Sekunde eine Beschleunigung von 1 cm erteilt. Danach kann die Dyne auch definiert werden als die Kraft, die einer Masse von 1 mg in 1 Sekunde eine Beschleunigung von 1000 cm erteilt oder als Kraft, mit der $^1/_{981}$ g oder nahezu 1 mg von der Erde angezogen wird.

Die physikalische Einheit für die Arbeit wird Erg (gr. ěrgon, die Arbeit) genannt. 1 Erg ist die Arbeit, die geleistet wird, wenn ein Widerstand von 1 Dyne auf einem Wege von 1 cm überwunden wird. Es sei 1 mg (genauer $^1/_{981}$ g) an einem Faden, von dessen Gewicht wir absehen wollen, befestigt. Hebe ich das Gewicht empor, so muß ich die Kraft, mit der das Milligramm von der Erde angezogen wird, überwinden; es erfolgt also Bewegung unter Überwindung eines Widerstandes von 1 Dyne (Erdanziehung). Hebe ich das Gewicht 1 cm hoch, so leiste ich eine Arbeit von 1 Erg.

Ist also 1 Dyne die Kraft, mit der 1 mg von der Erde angezogen wird, so hat im wissenschaftlichen Maßsystem ein Gewichtsstück von 1 g ein Gewicht von 1 × 1000 = 1000 Dynen, ein Gewichtsstück von 50 g ein Gewicht von 50000 Dynen.

1000 Dynen = 1 Kilodyne, 1000 Erg = 1 Kiloerg, 1 Megaerg = 1000000 Erg, 10 Megaerg nennt man 1 „Joule“. 1 kg = 1 Megadyne.

Da nun 1 kg = 1 Megadyne und 1 m = 100 cm, so ist 1 mkg = 100 Megaerg = 10 Joule, d. h. hebt man 1 kg 1 m hoch, so leistet man eine Arbeit von fast 100000000 Erg.

$^1/_{10}$ mkg = 1 Watt = 10 Megaerg = 1 Joule. 1 Kal. = 4270 Watt = 4270 Joule. 1 Pferdestärke = 750 Watt = 750 Joule.

Einer Grammkalorie bei 15°, also der Wärmemenge, welche die Temperatur von 1 g Wasser von 15° auf 16° erhöht, sind äquivalent $4{,}188 \cdot 10^7$ Erg. Diese Zahl gilt in der Wissenschaft als mechanisches Wärmeäquivalent.

Dissoziation.

Ammoniumchlorid zerfällt beim Vergasen in Ammoniak und Chlorwasserstoff und die Spaltungsprodukte verbinden sich wieder beim Abkühlen zu Salmiak.

Es gibt außer Salmiak noch eine größere Anzahl anderer Stoffe, welche beim Erhitzen in ihre Komponenten zerfallen, um beim Abkühlen wieder zur ursprünglichen Verbindung zusammenzutreten. Man bezeichnet diese Erscheinung mit dem Namen Dissoziation.

Die Dissoziation des Salmiaks kann folgendermaßen gezeigt werden: Ein Proberohr (Fig. 12) mit ganz wenig Salmiak wird durch einen doppelt durchbohrten Pfropfen geschlossen, der in einer Öffnung einen Glasstab trägt. An dem unteren Ende des letzteren ist etwas blaues, an dem oberen, dicht unter dem Pfropfen befindlichen Teile etwas rotes, mit Wasser befeuchtetes Lackmuspapier befestigt. Wird nun zuerst der leere Teil des Proberohres erhitzt, damit sich die Salmiakdämpfe hier nicht verdichten können, und dann erst der Salmiak, so färbt der spezifisch schwerere Chlorwasserstoff das untere, blaue Lackmuspapier rot und das spezifisch leichtere Ammoniak das obere, rote Lackmuspapier blau.

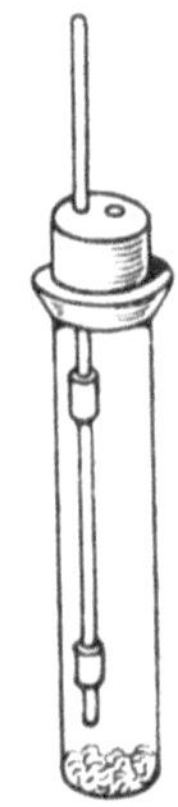

Fig. 12.

Man bezeichnet solche umkehrbare Reaktionen auf die Weise, daß man statt des Gleichheitszeichens zwei entgegengesetzt gerichtete Pfeile setzt, die andeuten, daß die Reaktion im Sinne von links nach rechts oder von rechts nach links verlaufen kann.

$$NH_4Cl \rightleftarrows NH_3 + HCl.$$

Die Dissoziation des Salmiaks nimmt bei steigender Temperatur zu, um bei genügend hoher Temperatur vollständig zu werden.

Für jede Temperatur ist das Verhältnis des nichtdissoziierten zum dissoziierten Anteile konstant. Bezeichnet man die Anzahl Molekeln unzersetzten Salmiaks pro Liter mit a, mit b die Anzahl Molekeln Ammoniak, mit c die Anzahl Molekeln Chlorwasserstoff, so ist der Quotient $\frac{a}{b \cdot c}$ bei gleicher Temperatur konstant.

Da bei der Dissoziation die Anzahl der Molekeln und infolgedessen auch das Volum vergrößert wird, so muß die Dichte einer dissoziierten gasförmigen Verbindung geringer als die normale sein. Ist das Molekulargewicht der nichtdissoziierten Substanz $= M$, die Zahl der qualitativ verschiedenen Spaltungsmolekeln $= n$ (für Salmiak, $NH_4Cl \rightleftarrows NH_3 + HCl$, ist also $n = 2$), so ist die Dichte der völlig dissoziierten Substanz $= \frac{M}{2n}$, also für Salmiak

$$= \frac{M}{4} = \frac{53{,}49}{4} = 13{,}37.$$

Unter dem Dissoziationsgrad eines Stoffes versteht man das Verhältnis der Zahl der Molekeln, welche sich gespalten haben, zu der ursprünglichen Gesamtzahl. Sind z. B. von einer Gramm-Molekel Salmiak ($NH_4Cl = 53{,}4$ g) 0,8 Gramm-Molekel ($53{,}4 \times 0{,}8 = 42{,}72$ g) dissoziiert, so ist der Dissoziationsgrad $= 0{,}8$. Die Zahl der Molekeln, welche sich gespalten haben, verhält sich also zu der ursprünglichen Gesamtzahl der Molekeln wie $0{,}8:1$ oder wie $80:100$; d. h. 0,8 von den ursprünglich vorhandenen Molekeln oder 80 Prozent davon sind dissoziiert. Die Berechnung des Dissoziationsgrades ergibt sich aus folgender Betrachtung: Die experimentell gefundene Dampfdichte d bei dissoziierten Stoffen ist, wie uns bekannt, kleiner als die aus der chemischen Formel berechnete D. Da die auf Wasserstoff als Einheit bezogene Dichte eines gasförmigen Stoffes die Hälfte des Molekulargewichtes ist, so wäre die normale Dichte des Salmiakdampfes ($NH_4Cl = 14 + 4 + 35{,}4 = 53{,}4$) $\frac{53{,}4}{2} = 26{,}7$, während die wirklich gefundene Dichte dieses Dampfes im gänzlich dissoziierten Zustande 13,35 ist.

Die Dichte des gänzlich dissoziierten Salmiakdampfes ist also halb so groß wie die aus der Formel berechnete, normale Dichte dieses Stoffes und man muß also in diesem Falle die gefundene Dichte mit 2 multiplizieren, um die normale Dichte zu erhalten.

Nennen wir die Zahl, mit welcher die gefundene Dichte multipliziert werden muß, um den normalen Wert der Dichte zu geben, i $\left(\frac{D}{d} = i,\ D = i\,d\right)$, so ist hervorzuheben, daß dieser Koeffizient bei der Spaltung eines Stoffes in zwei Komponenten niemals größer als 2 sein kann. Bei einer nicht vollständigen Dissoziation des gasförmigen Stoffes wird sodann der Koeffizient i kleiner als 2 sein.

Es besteht somit eine zahlenmäßige Beziehung zwischen dem Koeffizienten i und dem Dissoziationsgrade in irgendeinem gegebenen Falle. Wir wollen annehmen, daß von N Molekeln Salmiak, die sich in n Spaltungsmolekeln zerlegen (für $NH_4Cl \rightleftarrows NH_3 + HCl$ ist $n = 2$), ein Bruchteil m der N Molekeln bei einer bestimmten Temperatur zerfallen sei. Dann sind bei dieser Temperatur

$N - mN = N(1 - m)$ nicht dissoziierte Salmiakmolekeln und mnN Spaltungsmolekeln (NH_3 und HCl), zusammen also $N(1 - m) + mnN = N[1 + (n - 1)m]$ Molekeln vorhanden. Anstatt einer jeden Molekel erhalten wir also beim Erhitzen des Salmiaks auf die hier in Betracht kommende Temperatur $1 + (n - 1)m$ Molekeln, deren durchschnittliches Gewicht $\frac{M}{1 + (n - 1)m}$ beträgt, wobei M das Molekulargewicht bezeichnet.

Ist d die Dichte des dissoziierten und D die aus dem Molekulargewicht berechnete Dampfdichte, so ist

$$\frac{M}{1 + (n - 1)m} = 2d \text{ und } M = 2D,$$

daher

$$\frac{2D}{1 + (n - 1)m} = 2d$$

und

$$\frac{D}{1 + (n - 1)m} = d,$$

woraus

$$\frac{D}{d} = 1 + (n - 1)m, \quad \frac{D}{d} - 1 = (n - 1)m$$

und

$$m = \left(\frac{D}{d} - 1\right)\frac{1}{(n - 1)};$$

ist $n = 2$, so ist $m = \frac{D}{d} - 1$.

Man bezeichnet den Ausdruck $1 + (n - 1)m$ mit i und es ist daher $D = di$.

Ist also die experimentell gefundene Dampfdichte eines dissoziierten Stoffes d und die aus der Formel berechnete (das halbe Molekulargewicht) D, so nennt man bei dem Zerfall in zwei Molekeln $\frac{D}{d} - 1$, allgemein bei dem Zerfall in n Molekeln $\left(\frac{D}{d} - 1\right)\frac{1}{n - 1}$ den Dissoziationsgrad.

Man fand die Dichte des Salmiakdampfes bei $350^0 = 14{,}6$; der Dissoziationsgrad beträgt in diesem Falle $\frac{26{,}7}{14{,}6} - 1 = 0{,}83$, d. h. von je 100 Salmiakmolekeln sind bei 350^0 83 Molekeln in Chlorwasserstoff und Ammoniak gespalten.

Wie Salmiak zeigen noch viele andere Stoffe abnormale Gasdichten infolge der bei den betreffenden Temperaturen vor sich gehenden Dissoziation. So z. B. spaltet sich Phosphorpentachlorid, welches die Formel PCl_5 hat, in Phosphortrichlorid PCl_3 und Chlor Cl_2, Schwefelsäure in Wasser und Schwefeltrioxyd $H_2SO_4 = H_2O + SO_3$.

Bei genügend hoher Temperatur dissoziieren sich die Molekeln aller Verbindungen. Auch für Elemente ist eine Dissoziation nachgewiesen. So spaltet sich bei hoher Temperatur die Jodmolekel in zwei Atome. Bis 500° beträgt die Dampfdichte des Jod 127. Steigert man die Temperatur, so wird die Dichte kleiner und bei 1500° ist die Dichte 63,5. Eine weitere Erhöhung der Temperatur hat keinen Einfluß mehr.

Das Volumgewicht des Stickstoffdioxydes NO_2 $\left(\frac{14 + 32}{2} = 23\right)$ entspricht von 140° aufwärts dem Molekulargewichte desselben (46). Mit unter 140° sinkender Temperatur wird das Volumgewicht immer größer, bis es nahezu den doppelten Wert erreicht hat. Man schließt daraus, daß bei niedriger Temperatur aus zwei Molekeln Stickstoffdioxyd eine Molekel Stickstofftetroxyd N_2O_4 entstanden ist: $2NO_2 = N_2O_4$. Bei höherer Temperatur wird also das Stickstofftetroxyd dissoziiert: $N_2O_4 = 2NO_2$.

Da Stickstofftetroxyd eine lichtgelbe Farbe besitzt und Stickstoffdioxyd tief dunkelbraun gefärbt ist, so beobachtet man, daß Stickstofftetroxyd beim Erwärmen (im Probierröhrchen) eine dunklere Farbe annimmt, bis es fast undurchsichtig wird, während es beim Abkühlen wieder die ursprüngliche lichtgelbe Färbung annimmt.

In allen diesen Fällen, in welchen eine Dissoziation erfolgt, ist das aus der gefundenen Dichte abgeleitete Molekulargewicht kleiner als das der chemischen Formel entsprechende.

Ein ganz analoges Verhalten zeigen lösliche Salze, starke Säuren und starke Basen in verdünnter wässeriger Lösung. Sie zeigen ohne Ausnahme ein viel kleineres Molekulargewicht als ihrer chemischen Formel entspricht, gleichgültig, ob es nach der Methode des Gefrierpunktes oder des Siedepunktes bestimmt worden ist.[1]) Das normale Molekulargewicht z. B. von Chlornatrium, entsprechend der Formel NaCl sollte 58,4 sein, aber die oben genannten Methoden geben für sein Molekulargewicht, wenn es in Wasser gelöst ist, Werte, die der Zahl 30 nahe kommen, d. h. etwa die Hälfte des wirklichen Wertes.[1]) Eine normale Lösung von Rohrzucker (eine Lösung, die ein Mol im Liter gelöst enthält) gefriert bei $-1,87°$; eine normale Lösung von Chlornatrium (NaCl = 58,46 g im Liter) gefriert bei $-3,46°$. Da jedoch eine gleiche Anzahl von Molekeln in derselben Menge von Wasser dieselbe Gefrierpunktserniedrigung hervorruft, so müssen in einer Normallösung von Chlornatrium mehr Molekeln gelöst sein als in einer Normallösung von Rohrzucker.

Aus dem Umstande, daß die experimentell gefundene Gefrier-

[1]) Dasselbe gilt auch von dem aus dem osmotischen Druck oder aus der Dampfdruckerniedrigung bestimmten Molekulargewichte.

punktserniedrigung oder Siedepunktserhöhung bei wässerigen Lösungen von Säuren, Basen und Salzen größer als die dem normalen Werte entsprechende ist, muß geschlossen werden, daß die Molekeln zerfallen oder dissoziiert sind. Es muß hervorgehoben werden, daß diese abnormal hohen Werte nur elektrolytische Lösungen zeigen, während die von nichtelektrolytischen Lösungen gelieferten Zahlen fast durchweg dem normalen Werte gleich sind.

Ionentheorie.

Wir wollen nun die in elektrolytischen Lösungen vor sich gehende Dissoziation der gelösten Stoffe etwas näher betrachten. Eine Kochsalzmolekel z. B. kann der chemischen Formel NaCl gemäß sich nur in Natrium und Chlor spalten. Diese durch Dissoziation der Chlornatriummolekeln entstehenden Komponenten müssen in ihren chemischen und physikalischen Eigenschaften von den gewöhnlichen Chlor- und Natriumatomen gänzlich verschieden sein, da beim Lösen von Kochsalz weder Wasserstoffentwicklung eintritt noch der charakteristische Geruch des Chlors wahrgenommen wird.

Zur Erklärung dieser Erscheinung wird angenommen (Arrhenius 1887), daß das Chlor und Natrium in der wässerigen Lösung mit Elektrizität beladen sind oder sich darin in einem Zustande befinden, den man den Ionenzustand nennt. Nach dieser Theorie ist also in einer Kochsalzlösung nicht Chlor vorhanden, sondern Chlor-Ion. Die Molekel des ersteren besteht aus zwei ungeladenen Chloratomen, die des letzteren aus einem Chloratom, das mit negativer Elektrizität nach dem Faradayschen Gesetze, d. h. je 35,4 g Chlor als Ion mit 96540 Coulombs, beladen ist. Ebenso befinden sich in der Lösung keine Natriummolekeln, sondern Natrium-Ionen, das sind mit positiver Elektrizität beladene Natriumatome. Je 23 g Natrium als Ion sind mit 96540 Coulombs positiver Elektrizität beladen.

In einer stark verdünnten Chlornatriumlösung finden sich also nicht N Chlornatriummolekeln, sondern für jedes derselben 1 Natriumion und 1 Chlorion, die beide wie Molekeln wirken, so daß die Lösung sich hinsichtlich ihrer physikalischen Eigenschaften so verhält, als befänden sich in ihr $2N$ Molekeln.

Die mit negativer Elektrizität beladenen Atome werden Anionen, die mit positiver Elektrizität beladenen Kationen genannt. Als Einheit der elektrischen Ladung der Ionen gelten 96540 Coulombs.

Die Tatsache, daß eine Lösung nach außen unelektrisch erscheint, beweist, daß in jeder Lösung gleiche Mengen positiver und negativer Elektrizität vorhanden sind. Es muß also in einer Kochsalzlösung, wo eine Kochsalzmolekel in ein Natrium- und ein Chlorion zerfällt, das Natrium ebensoviel positive Elektrizität tragen, wie das Chlor negative Elektrizität besitzt. In einer Baryumchloridlösung entstehen aus einer Molekel $BaCl_2$ zwei Chlorionen und ein Baryumion. Da das Chlorion, wie eben erwähnt, eine dem Natriumion entsprechende negative Ladung trägt, so müssen zwei Chlorionen zweimal diese elektrische Ladung mit sich führen. Da die Chlorbaryumlösung dennoch elektrisch neutral ist, so muß das Baryumion so viel positive Ladungen besitzen, wie den negativen Ladungen der zwei Chlorionen zukommt, d. h. das Baryumatom muß zwei positive Ladungen haben. Bei weiterer Betrachtung derartiger Beispiele finden wir stets, daß zwischen dem chemischen Werte eines Elementes (oder Atomkomplexes) und der Anzahl seiner elektrischen Ladungen in der Ionenform eine vollständige Proportionalität besteht.

Die Ionen werden durch besondere Zeichen von den unelektrischen Atomen oder Atomgruppen unterschieden. Eine Ladung von 96540 Coulomb an positiver Elektrizität wird durch einen Punkt an dem Symbol des Kations, eine Ladung von 96540 Coulomb an negativer Elektrizität durch einen Strich an dem Symbol des Anions angedeutet, z. B. $Na^{\cdot} + Cl'$. Mehrwertige Ionen werden mit so viel Punkten oder Strichen bezeichnet als die Zahl ihrer elektrischen Ladungen beträgt. Die Anzahl der Punkte und Striche stimmen mit dem chemischen Werte der Ionen überein, z. B. $K^{\cdot}$, $Mg^{\cdot\cdot}$, $Ba^{\cdot\cdot}$, SO_4'', NH_4'. Diese Bezeichnung der Ionen hat W. Ostwald eingeführt.

Die in Elektrolyten erfolgende Dissoziation, die man die elektrolytische Dissoziation nennt, unterscheidet sich also von der bei Gasen erfolgenden Dissoziation hauptsächlich dadurch, daß sie elektrisch geladene Komponenten oder Ionen liefert. Die Dissoziation der Elektrolyte nimmt mit der Verdünnung zu, um bei sehr großer Verdünnung fast vollständig zu werden.

Die elektrolytische Dissoziation des Kochsalzes durch Lösen in Wasser wird veranschaulicht durch die Gleichung:

$$NaCl \rightleftarrows Na^{\cdot} + Cl'.$$

Sehr verdünnte Salzsäure enthält somit fast keine Chlorwasserstoffmolekeln, sondern nur freie Wasserstoff- und Chlorionen. Diese haben wohl dasselbe relative Gewicht wie Wasserstoff- und Chloratome, aber ganz andere Eigenschaften, weil die Ionen mit positiver, beziehungsweise negativer Elektrizität geladen sind.

Der unelektrische Chlorwasserstoff zerfällt also bei der Lösung in Wasser nach der Gleichung:

$$HCl \rightleftarrows H^{\cdot} + Cl'$$

in elektropositiv geladene Wasserstoff- und elektronegativ geladene Chlorionen.

Es ist nicht immer leicht, in einem gegebenen Falle festzustellen, welches in Wahrheit die Ionen sind. Zur Erklärung der Erscheinungen in Elektrolyten wird folgendes angenommen. In der wässerigen Lösung einer Säure ist der Wasserstoff das Kation und das Säureradikal das Anion: $H^{\cdot} + Cl'$, $H^{\cdot} + NO_3'$ (Wasserstoffion und Nitration), $H^{\cdot} + H^{\cdot} + SO_4''$ (SO_4'' = Sulfation), $H^{\cdot} + H^{\cdot} + H^{\cdot} + PO_4'''$ (PO_4''' = Phosphation) usw.

Bei der Lösung einer Base ist das Kation das Metall und das Anion das Hydroxyl OH': $NH_4^{\cdot} + OH'$, $K^{\cdot} + OH'$, $Na^{\cdot} + OH'$, $Ca^{\cdot} + OH' + OH'$ usw.

Bei der Lösung eines Salzes ist das Metall oder das metallische Radikal (NH_4) das Kation und das Säureradikal das Anion: $NH_4^{\cdot} + Cl'$, $Na^{\cdot} + Cl'$, $Na^{\cdot} + NO_3'$, $2K^{\cdot} + SO_4''$, $3Na^{\cdot} + PO_4'''$ usw.

Durch diese Theorie der elektrischen Dissoziation läßt sich der Vorgang der Elektrolyse in sehr einfacher Weise erklären. Taucht man die beiden Polenden einer Stromquelle in einen Elektrolyt, so wird das eine Polende, die Anode, mit positiver, das andere, die Kathode, mit negativer Elektrizität geladen sein. Die elektropositive Anode stößt die elektropositiven Ionen (Kationen) ab und zieht die elektronegativen Ionen (Anionen) an, welch letztere, sobald sie in Kontakt mit der Anode kommen, an diese ihre negative Elektrizität abgeben, unelektrisch werden und sich abscheiden. Derselbe Vorgang spielt sich an der Kathode ab; dort werden die elektropositiven Ionen (Kationen) abgeschieden.

Die von den Ionen an den Elektroden neutralisierten Elektrizitätsmengen werden von der Stromquelle immer wieder erneuert.

An der Elektrolyse beteiligen sich nur die Ionen. Je mehr Ionen in der Volumeinheit vorhanden sind, desto besser wird die Lösung den Strom leiten. Die bei der Elektrolyse abgeschiedenen Atomkomplexe, wie SO_4, NH_4 usw. unterliegen sekundären Reaktionen, so daß man diese Ionen als solche nie an den Elektroden antrifft. Die bei der Elektrolyse von Schwefelsäure oder Sulfaten an der Anode auftretenden SO_4-Reste zersetzen das Wasser unter Freisetzung von Sauerstoff: $H_2O + SO_4 = H_2SO_4 + O$. Ebensowenig erhält man an der Kathode das bei der Elektrolyse abgeschiedene Ammonium (NH_4) als solches, weil es sich mit dem Wasser sofort umsetzt zu Ammoniumhydroxyd und Wasserstoff:

$$NH_4 + HOH = NH_4OH + H.$$

Elektrolysiert man z. B. Chlornatrium, so erscheint zwar einerseits Chlor; an der Kathode erhält man aber nicht Natrium, sondern

Wasserstoff. Dies geschieht, weil Natrium, das primär ausgeschieden wurde, neben der wässerigen Lösung nicht bestehen kann, da es alsbald unter Wasserstoffentwicklung in Natriumhydroxyd übergehen muß:

$$2\,Na + 2\,H_2O = 2\,NaOH + H_2.$$

Wenn die elektrolysierte Lösung eine Natriumsulfatlösung ist, so ist das positive Ion Natrium, das negative SO_4. Weder Natrium- noch Sulfation sind einer unabhängigen Existenz bei Gegenwart von Wasser fähig und werden demgemäß nicht als Produkte der Elektrolyse erhalten, da an ihrer Stelle die Produkte ihrer Reaktion mit Wasser erscheinen. Das Natrium wirkt auf Wasser unter Erzeugung von Wasserstoff und Natriumhydroxyd nach der Gleichung

$$2\,Na + 2\,H_2O = 2\,NaOH + H_2,$$

während das Sulfation, wie oben angegeben, auf Wasser unter Erzeugung von Schwefelsäure und Sauerstoff einwirkt:

$$SO_4 + H_2O = H_2SO_4 + O.$$

Die Gleichungen stellen die Wirkungen äquivalenter Mengen der entladenen Ionen auf Wasser dar, so daß deshalb auch die durch die Reaktion entwickelten Mengen Wasserstoff und Sauerstoff äquivalent sind. Mit Rücksicht hierauf ist es notwendig, daß die Flüssigkeit um die Anode sauer und die Lösung um die Kathode alkalisch wird. Man kann leicht zeigen, daß dies der Fall ist. Die an der Anode gebildete Schwefelsäure ist genau äquivalent der Menge Natronlauge, die sich an der Kathode bildet.

Wenn wir die Lösung eines Silbersalzes, z. B. von Silbernitrat, zwischen zwei Silberelektroden elektrolysieren, so finden wir, daß das positive Ion entladen wird und sich als Silber auf dem negativen Pol niederschlägt. Zu gleicher Zeit wird eine äquivalente Menge des negativen Nitrations NO_3' an der positiven Silberelektrode entladen. Das Nitration wird in diesem Falle weder als solches in Freiheit gesetzt noch greift es das Wasser an. Es verbindet sich mit dem Silber zu Silbernitrat, so daß der ganze elektrolytische Prozeß hier in der Überführung von Silber von der Anode zur Kathode und einer Änderung in der Konzentration des Silbernitrates um die Elektroden besteht. Einen derartigen Prozeß benutzt man bei der Herstellung galvanischer Überzüge, wobei die Anode aus Silber besteht, während der zu versilbernde Gegenstand die Kathode bildet. Man wählt ein Silbersalz, das mit Sicherheit einen zusammenhängenden Überzug von Silber auf der Oberfläche des zu überziehenden Gegenstandes liefert, und zwar gewöhnlich ein Doppelcyanid von Natrium oder Kalium und Silber.

Den quantitativen Erscheinungen der Elektrolyse wird Rechnung getragen, wenn wir annehmen, daß bei einbasischen Säuren (HCl, HNO_3) und einsäurigen Basen ($NH_4 \cdot OH$, $Na \cdot OH$, $K \cdot OH$) und deren Salzen jedes Grammion mit 96540 Coulombs beladen ist, die es verliert, wenn es die entgegengesetzt geladene Elektrode berührt. Bei einer verdünnten wässerigen Lösung von Chlorwasserstoff z. B. ist das positive Ion Wasserstoff, das negative Ion Chlor. Vorausgesetzt wird dabei, daß das Wasser an der Stromleitung nicht teilnimmt. Jedes Gramm Wasserstoff ist mit 96540 Coulombs an positiver Elektrizität beladen und bewegt sich nach der negativen Elektrode hin. Dort wird es entladen und zu gewöhnlichem Wasserstoff, der sich an der Elektrode entwickelt. Während sich dieses an der negativen Elektrode abspielt, muß eine gleiche Menge negativer Elektrizität an der positiven Elektrode neutralisiert werden, da derselbe Strom im ganzen Kreise fließt. Diese Menge an negativer Elektrizität wird durch ein Gramm-Äquivalent des negativen Radikals, nämlich von 35,46 g Chlor geliefert. Das Chlor, das seine Elektrizität abgegeben hat, erscheint als solches am positiven Pol. Es ist klar, daß bei der Bildung von Wasserstoffgas aus den Wasserstoffionen des Chlorwasserstoffs eine Vereinigung der entladenen Atome stattfindet, da jede Molekel des Chlorwasserstoffs nur ein Atom Wasserstoff liefern kann.

In den Elektrolyten bewegt sich also die Elektrizität nur gleichzeitig mit deren Bestandteilen, den Ionen. Die bewegten Elektrizitätsmengen sind den Mengen der Ionen proportional und betragen 96540 Coulombs oder ein Vielfaches davon für ein Mol irgendeines Ions.

Der Elektrolyt wird also nach der Ionentheorie durch den elektrischen Strom nicht zerlegt, sondern er ist schon von vornherein zum Teil in seine Ionen zerspalten, die nun ein ganz selbständiges Dasein führen. Wäre zur Zerreißung der Molekeln eine Kraft nötig, so könnte man mit geringen Spannungen keine Elektrolyse ausführen Nun aber findet die Elektrolyse z. B. von Silbernitrat zwischen Silberelektroden schon mit den kleinsten Spannungen statt, die weit unterhalb der Bildungsenergie des Silbernitrates liegen, d. h. es ist keine Arbeit zur Trennung der Verbindungen in ihre Ionen nötig.

Die Theorie der elektrolytischen Dissoziation bietet eine einfache Erklärung einer Reihe chemischer Vorgänge In wässeriger Lösung treten Salze mit der größten Geschwindigkeit in wechselseitige Umsetzung Es ist zweifellos, daß Reaktionen sich schwerer zwischen den undissoziierten Molekeln abspielen werden als zwischen den Ionen. Denn wenn eine Molekel AB mit einer Molekel CD reagieren soll, um die Stoffe AC und BD zu liefern, dann wird bei der Reaktion zwischen den undissoziierten Molekeln zunächst eine Spaltung in die Bestandteile erfolgen müssen, und erst nach erfolgter Spaltung können die Teile A, B, C, D zu Molekeln AC und BD zusammentreten. Liegen aber die freien Ionen vor, so stellen diese bereits die abgespaltenen reaktionsfähigen Teile dar, die mit größter Leichtigkeit sich zu neuen Molekeln vereinigen können. Die Reaktionen gelöster Stoffe werden sich also zwischen den Ionen vollziehen und sind daher in Form von Ionenreaktionen zu formulieren.

Wenn die Lösung eines Silbersalzes zu der eines Chlorides hinzugefügt wird, so entsteht sofort ein Niederschlag von Chlorsilber. Das positive und negative Radikal tauschen hier ihre Partner, und dies geschieht so schnell, weil die positiven und negativen Komponenten größtenteils sich als freie Ionen in der Lösung befinden, so daß die ganze Reaktion praktisch in der Vereinigung der Silberionen mit den Chlorionen zu unlöslichem Chlorsilber besteht. Die Umsetzung von Silbernitrat und Kochsalz in wässeriger Lösung geht nach folgender Gleichung vor sich:

$$Ag^{\cdot} + NO_3{}' + Na^{\cdot} + Cl' \rightleftarrows Na^{\cdot} + NO_3{}' + AgCl,$$

oder nach Eliminierung der auf beiden Seiten der Gleichung befindlichen gleichen Ionen:

$$Ag^{\cdot} + Cl' = AgCl.$$

In allen Lösungen, die Chlor als Ion enthalten, wie z. B. Salzsäure, Metallchloridlösungen, wird das Chlor von Silbernitratlösung ausgefällt unter Bildung von Chlorsilber. Aber auf Lösungen, die zwar Chlor, dasselbe aber nicht als Ion enthalten, wirkt Silbernitratlösung nicht so ein. Chloroform von der Formel $CHCl_3$ ist kein Leiter der Elektrizität, daher auch nicht dissoziiert und enthält daher auch keine freien Chlorionen. Da die chemischen Reaktionen nur zwischen den Ionen sich vollziehen, so entsteht beim Vermischen von Chloroform mit einer alkoholischen oder wässerigen Lösung von Silbernitrat kein Niederschlag von Chlorsilber. Kaliumchlorat von der Formel $KClO_3$ enthält ebenfalls Chlor, aber seine Ionen sind in wässeriger Lösung $K^{\cdot}$ und $ClO_3{}'$; man erhält mit dem im Wasser gelösten Salze die Reaktionen des Kaliumions $K^{\cdot}$ und des Chlorations ClO_3. Eine Lösung von Kaliumchlorat in Wasser gibt daher mit Silbernitratlösung auch keinen Niederschlag von Silberchlorid.

Da die chemischen Reaktionen gelöster Stoffe sich nur zwischen den Ionen abspielen, so wird für den Verlauf derselben in jedem besonderen Falle die Menge des dissoziierten Anteils der gelösten Stoffe maßgebend sein.

Der Dissoziationsgrad gelöster Stoffe, d. h. der Bruchteil der Molekeln des gelösten Stoffes, die in Ionen gespalten sind, wird ganz analog der der gasförmigen Stoffe (S. 105) berechnet. Der Koeffizient i stellt jedoch in diesem Falle die Zahl dar, mit der der normale Wert der Gefrierpunktserniedrigung oder Siedepunktserhöhung e multipliziert werden muß, um den wirklich gefundenen Wert E zu geben. So haben wir für Chlornatrium eine Depression von 3,46° anstatt des „normalen" Wertes von 1,87°, den die Lösungen von Nichtelektrolyten, die 1 Gramm-Molekel im Liter enthalten, aufweisen. In diesem Falle ist $i = \frac{3{,}46}{1{,}87} = 1{,}85$, d. h. der normale Wert $e = 1{,}87$ muß mit 1,85 multipliziert werden, um ihn auf den beobachteten Wert $E = 3{,}46$ zu bringen; i ist also gleich $\frac{E}{e}$ oder $E = e \cdot i$.

In einer wässerigen Lösung von N Molekeln einer Säure, einer Base oder eines Salzes, deren Molekeln sich in je n Ionen spalten können (z. B. für HCl ist $n = 2$, für $K_2SO_4 = K^{\cdot} + K^{\cdot} + SO_4''$ $n = 3$, für $Al_2(SO_4)_3$ $n = 5$), wollen wir annehmen, daß ein Bruchteil m der N Molekeln in Ionen gespalten sei. Dann sind in der Lösung $N - mN = N(1 - m)$ nichtdissoziierte Molekeln und mnN Ionen enthalten, zusammen also $N(1 - m) + mnN = N[1 + (n - 1)m]$ Partikeln, die sich in jeder Hinsicht wie Molekeln verhalten. Anstatt einer jeden Molekel sind also $1 + (n - 1)m$ Molekeln vorhanden. Es ist also $E = e[1 + (n - 1)m]$ und $\frac{E}{e} = 1 + (n - 1)m$; der Dissoziationsgrad m ist daher $\left(\frac{E}{e} - 1\right)\frac{1}{n - 1}$. Bei dem Zerfall in 2 Molekeln ($n = 2$) ist der Dissoziationsgrad eines gelösten Stoffes $\frac{E}{e} - 1$.

Der Dissoziationsgrad für Chlornatrium in normaler Lösung ist nach den obigen Daten $\frac{3{,}46}{1{,}87} - 1 = 0{,}85$, d. h. 85 Hundertstel oder 85 Prozent des Salzes sind in einer Normallösung dissoziiert. Der Ausdruck $1 + (n - 1)m$ kann also durch die Bestimmung der Gefrierpunktserniedrigung oder der Siedepunktserhöhung von Lösungen festgestellt und aus demselben der Dissoziationsgrad m berechnet werden.

Wenn sich Ionen an Reaktionen beteiligen, so sind sie als selbständige Stoffe zu behandeln. Man darf also bei Anwendung chemischer Symbole die elektrolytisch dissoziierten Stoffe nicht durch ihre gewöhnlichen Formeln bezeichnen, sondern muß ihren Dissoziationszustand ausdrücken. Während also KCl festes, undissoziiertes Chlorkalium bezeichnet, drückt die Formel $K^{\cdot} + Cl'$ aus, daß sich das Salz in sehr verdünnter Lösung, also in vollständig dissoziiertem Zustande befindet.

Anwendung der Dissoziationstheorie.

Da nach der Dissoziationstheorie die Säuren, Basen und Salze durch Auflösen in Wasser in ihre Ionen zerfallen, so müssen die Eigenschaften der Elektrolyte sich aus zwei Größen zusammensetzen, von denen die eine nur von dem negativen Ion, die andere nur von dem positiven Ion abhängt. So wird der saure Geschmack und die saure Reaktion der Säuren durch die Wasserstoffkationen derselben, der laugenhafte Geschmack und die alkalische Reaktion der Basen durch die Hydroxylanionen bedingt: $H^{\cdot} + Cl'$, $H^{\cdot} + NO_3'$, $2H^{\cdot} + SO_4''$ usw. $Na^{\cdot} + OH'$, $NH_4^{\cdot} + OH'$, $Ba^{\cdot\cdot} + 2OH'$ usw.

Schwache Säuren und schwache Basen sind in wässeriger Lösung nur wenig dissoziiert. Eine Säure oder eine Base, welche gar nicht dissoziiert ist, zeigt also gar keine charakteristische Reaktion, denn die Säurewirkung wird ja durch die Wasserstoffionen ($H^{\cdot}$) und die Wirkung der Basen durch die Hydroxylionen (OH') bedingt. Eine Lösung, welche neben einer dissoziierten Säure $H^{\cdot} + R'$ eine nichtdissoziierte Base MeOH enthält, reagiert sauer, eine Lösung, welche neben undissoziierter Säure HR eine dissoziierte Base $Me^{\cdot} + OH'$ enthält, reagiert basisch; eine Lösung, welche weder Wasserstoffionen noch Hydroxylionen enthält, reagiert neutral.

Wird ein in Wasser gelöstes Salz durch das Lösungsmittel nur so weit beeinflußt, als die elektrolytische Dissoziation in Betracht kommt, so ist seine Lösung neutral, da dann in derselben weder freie Wasserstoff- noch Hydroxylionen in merklicher Menge vorhanden sind. Wir finden, daß dies der Fall ist bei den Salzen starker Säuren und starker Basen, z. B. beim Chlornatrium ($Na^{\cdot} + Cl'$), Kaliumnitrat ($K^{\cdot} + NO_3'$), Kaliumsulfat ($2K^{\cdot} + SO_4''$) usw.

Es soll nun die Wechselwirkung mehrerer Elektrolyte, welche gleichzeitig in einer Lösung zugegen sind, betrachtet werden. Zwei Neutralsalze üben meist keine Wirkung aufeinander aus. Denn da sowohl sie wie die möglicherweise durch Wechselaustausch aus ihnen entstehenden neuen Salze alle stark dissoziiert sind, so bleiben die Ionen wesentlich in dem Zustande, in dem sie waren. Um ein spezielles Beispiel zu erwähnen, sei der Fall besprochen, daß Kaliumsulfat und Natriumchlorid in Wasser aufgelöst werden, wobei wir untersuchen wollen, ob aus den beiden Komponenten vielleicht Natriumsulfat und Kaliumchlorid entstehen. Vom Standpunkte der Ionentheorie enthält die Lösung weder die Sulfate von Natrium oder Kalium noch ihre Chloride, sondern, wie die Ionenformel $2K^{\cdot} + SO_4'' + Na^{\cdot} + Cl'$ ergibt, die Ionen Kalium, Natrium, Sulfat und Chlor. Es muß also offenbar dieselbe Lösung resultieren, wenn Kaliumsulfat und Natriumchlorid oder Natriumsulfat und Kaliumchlorid in entsprechenden Mengen in Wasser gelöst werden. Liefert z. B. die chemische Analyse einer Quelle bestimmte Mengen Chlor, Sulfat (SO_4), Kalium und Natrium, so läßt sich das identische Mineralwasser herstellen sowohl aus Kaliumsulfat und Natriumchlorid oder Natriumsulfat und Kaliumchlorid oder schließlich aus den vier Salzen, wenn nur die verwendeten Salzquantitäten diejenigen Mengen der vier Ionen enthalten, welche der Analyse der Quelle entsprechen.

Eine Wirkung tritt in den Lösungen der Elektrolyte dann ein, wenn aus den vorhandenen Ionen sich ein Stoff (oder mehrere) bilden kann, welcher unter den vorhandenen Umständen wenig oder praktisch gar nicht dissoziiert ist und in vielen Fällen schwerlöslich als Niederschlag erscheint. Es vermindern sich sodann die Konzentrationen der Ionen, während die Konzentration des nicht dissoziierten Anteils entsprechend groß wird, bis ein Gleichgewichtszustand eintritt.

Der charakteristische Fall, bei welchem eine solche Wirkung eintritt, ist der Neutralisationsvorgang aus Säure und Base. Eine Säure enthält neben dem Anion Wasserstoffion $H^{\cdot}$, eine Base neben dem Kation Hydroxylion HO'; die Verbindung beider, Wasser, ist sehr wenig dissoziiert und muß sich bilden, sowie die beiden Ionen $H^{\cdot}$ und OH' in einer Flüssigkeit zusammentreffen. Daher erfolgt beim Zusammenbringen der Lösungen von Säuren und Basen eine erhebliche Wirkung; Wasserstoff- und Hydroxylionen treten zu Wasser zusammen und in der Lösung verbleiben die beiden anderen Ionen, die dem entsprechenden Salze angehören.

$$H^{\cdot} + Cl' + K^{\cdot} + OH' = K^{\cdot} + Cl' + H_2O\,,$$
$$H^{\cdot} + NO_3' + Na^{\cdot} + OH' = Na^{\cdot} + NO_3' + H_2O\,.$$

Da die Kalium- und Chlorionen sowie die Natrium- und Nitrationen auf beiden Seiten der chemischen Gleichungen unverändert erscheinen, so können wir sie weglassen oder, mathematisch ausgedrückt, kürzen, und erhalten dann für die beiden Vorgänge die einfacheren Gleichungen

$$H^{\cdot} + OH' = H_2O$$
$$H^{\cdot} + OH' = H_2O\,.$$

Da also der Vorgang der Neutralisation in der Bildung von Wasser aus Wasserstoff- und Hydroxylionen besteht, so muß auch die Wärmetönung aller Neutralisationen, unabhängig von der Natur der Base und Säure, dieselbe sein, was auch tatsächlich der Fall ist. Ähnliche Erscheinungen treten auf, wenn man dem Salz einer schwachen Säure eine starke Säure zufügt. Die neutralen Salze sind alle annähernd gleich dissoziiert, wie stark oder schwach die zugehörige Säure sein mag. Die Lösung eines Salzes einer schwachen Säure enthält also wesentlich nur die freien Ionen. Wird zu dieser Lösung eine starke Säure, welche gleichfalls nahezu vollständig dissoziiert ist, hinzugefügt, so trifft das Anion des Salzes mit dem Wasserstoffion der Säure zusammen und beide vereinigen sich größtenteils zu nichtdissoziierter Säure, da nach der Voraussetzung die entsprechende Säure schwach, d. h. in ihrer Lösung wenig dissoziiert ist. Daneben bleibt in der Lösung neben dem Kation des Salzes das Anion der hinzugefügten starken Säure, d. h. das Salz der stärkeren Säure. Die treibende Ursache für diesen Vorgang liegt nicht in der „Anziehung" der stärkeren Säure zum Metall, sondern in der Neigung der Ionen der schwachen Säure, in den nichtdissoziierten Zustand überzugehen.

Ganz dieselben Betrachtungen sind für die Einwirkung einer starken Base auf das Salz einer schwachen Base anzustellen. Bei der Einwirkung einer starken Säure auf das Salz einer schwachen Säure wird der Wasserstoff der starken Säure an das Anion des Salzes zu einer schwachen, wenig dissoziierten Säure gebunden und die starke Säure verliert dadurch ihre Säurewirkung. Ebenso wird die Wirkung einer starken Base durch Hinzufügen zu einem Salze mit einer schwachen Base durch Bindung des OH'-Ions mit dem Metall des Salzes zu einem wenig dissoziierten Hydroxyd zurückgedrängt und abgeschwächt.

In dieselbe Kategorie der Vorgänge in Lösungen mit mehreren Elektrolyten gehören einige Fällungsreaktionen, z. B. die Nachweisung von Baryum in ihren Salzen durch Schwefelsäure oder ein gelöstes Sulfat, welche darauf beruht, daß das Baryumkation mit dem Sulfatanion eine undissoziierte, unlösliche Verbindung bildet und durch die Ionengleichung $Ba^{\cdot\cdot} + SO_4'' = BaSO_4$ ihren Ausdruck findet; ebenso die Nachweisung von Chlor in den löslichen Chloriden durch eine Lösung von Silbernitrat, welche der Ionengleichung gemäß $Ag^{\cdot} + Cl' = AgCl$ erfolgt.

Wasser ist zwar ein außerordentlich wenig dissoziierter Stoff, doch haben neuere Versuche gezeigt, daß es spurenweise in Wasserstoff- und Hydroxylionen zerfallen ist, da es den elektrischen Strom, wenn auch schwach, so doch meßbar leitet. Trotz dieser geringen Konzentration wirken die Ionen des Wassers auf einen in Wasser gelösten Elektrolyten dann ein, wenn aus den Ionen des letzteren und denen des Wassers sich ein Stoff bilden kann, welcher wenig oder fast gar nicht dissoziiert ist.

Lösen wir ein Salz, das sich durch die Neutralisation einer starken Säure mit einer schwachen Base gebildet hat, in Wasser, so verbindet sich das Kation des Salzes mit Hydroxylion des Wassers zu einer undissoziierten (schwachen) Base. Da durch Aufnahme von OH'-Ionen durch das Kation H˙-Ionen übrig bleiben und diese eine saure Reaktion bedingen, so zeigt die Lösung eines Salzes einer starken Säure, deren Metall eine schwache Base bildet, eine saure Reaktion. Beispiele solcher Salze sind die Chloride oder Nitrate von Aluminium, Kupfer und Zink, ferner Kupfervitriol und Merkurinitrat.

Wenn das Salz sich aus einer starken Base und einer schwachen Säure bildet, so wird es in gleicher Weise durch die Ionen des Wassers verändert. In diesem Falle aber hat das Anion das Bestreben, sich mit H˙-Ionen des Wassers zu undissoziierter Säure zu verbinden, wodurch OH'-Ionen des Wassers im Überschuß zurückbleiben, welche eine basische Reaktion der Lösung bedingen.

Die Salze einer schwachen Säure, deren Anion mit H˙-Ion eine undissoziierte Verbindung bilden, zeigen also in wässeriger Lösung eine basische Reaktion. Beispiele solcher Salze sind Natrium- oder Kaliumborat, Natrium- oder Kaliumkarbonat und die Seifen.

$$2Na^{\cdot} + CO_3'' + 2H^{\cdot} + 2OH' = \underbrace{H_2CO_3}_{\substack{\text{undissoziierte}\\\text{Kohlensäure}}} + \underbrace{2Na^{\cdot} + 2OH'}_{\text{Natronlauge}}.$$

Die durch die Wirkung der Ionen des Wassers hervorgerufenen Reaktionen werden als **Hydrolysen** oder **hydrolytische Spaltungen** bezeichnet.

Ein Beispiel für die Wirkung der OH'-Ionen des Wassers, bei welcher unlösliche Verbindungen entstehen, ist bei der Hydrolyse der Wismutsalze zu erwähnen. Das Wismution bildet bei Gegenwart von OH'-Ionen so schwerlösliche Verbindungen, daß die minimale OH'-Ionenkonzentration des Wassers ausreicht, um das Wismut auszufällen, woher es kommt, daß Wismutsalze in Wasser nicht löslich sind und aus ihren Lösungen in Säuren durch Wasser gefällt werden können. Eine ähnliche Hydrolyse ist auch noch bei anderen Salzen, z. B. bei Antimonverbindungen bekannt.

$$Bi^{\cdots} + 3NO_3' + 2H^{\cdot} + 2OH' \rightleftarrows \underset{\substack{\text{unlösliches}\\\text{basisches Wismutnitrat}}}{Bi(NO_3)(OH)_2} + 2H^{\cdot} + 2NO_3'.$$

Noch einige Beispiele der hydrolytischen Dissoziation mögen hier folgen: Zyankalium KCN, das Salz der schwachen Zyanwasserstoffsäure (Blausäure) und der starken Base K·OH, zeigt beim Lösen im Wasser die alkalische Reaktion der OH'-Ionen und den charakteristischen Geruch (nach bitteren Mandeln) undissoziierter Blausäure HCN. Die H˙-Ionen des Wassers haben sich also mit den CN'-Ionen zu nichtdissoziierter Zyanwasserstoffsäure verbunden, während die OH'-Ionen des Wassers die alkalische Reaktion der Lösung bedingen:

$$K^{\cdot} + CN' + H^{\cdot} + OH' \rightleftarrows CNH + K^{\cdot} + OH'.$$

Ferrichlorid $FeCl_3$, das gelbe Salz der schwachen Base $Fe(OH)_3$ und der starken Chlorwasserstoffsäure HCl, zeigt beim Lösen in Wasser stark saure Reaktion. Die OH'-Ionen des Wassers verbinden sich mit den Ferriionen $Fe^{\cdot\cdot\cdot}$ zu nichtdissoziiertem, unlöslichen, braunroten Ferrihydroxyd $Fe(OH)_3$, während die freiwerdenden H˙-Ionen des Wassers die saure Reaktion der Lösung verursachen.

Da die Dissoziation des Wassers mit der Temperatur steigt, so nimmt auch beim Erwärmen die hydrolytische Spaltung zu.

Um ein Gewebe mit einem Farbstoff, der an und für sich auf den Fasern des Gewebes nicht haftet, zu färben, kocht man es zuerst mit einer Aluminiumsulfatlösung; hierbei verbindet sich das durch Hydrolyse aus dem Sulfat freiwerdende Aluminiumhydroxyd $Al(OH)_3$, ein weißer, im Wasser schwerlöslicher, fester Stoff, mit dem Gewebe. Bringt man nun das „gebeizte“ Gewebe in die heiße Farbstofflösung, so vereinigt sich der Farbstoff mit dem Aluminiumhydroxyd und somit auch mit dem Gewebe zu einem in Wasser schwerlöslichen Komplex.

Auch die Farbe der Elektrolyte hängt von der Ionenbildung ab. Da z. B. die Chloride, Nitrate und Sulfate des Natriums in wässeriger Lösung farblos erscheinen, so sind Chlor-, Nitrat-, Sulfat- und Natriumionen ebenfalls farblos. Eine Lösung von Kupfersulfat oder Kupfernitrat erscheint blau, und es muß daher dem Kupferion die blaue Färbung zugeschrieben werden. Dem könnte man entgegenhalten, daß eine konzentrierte Kupferchloridlösung eine grüne Farbe hat. In einer solchen Lösung befinden sich jedoch nur wenige Kupferionen, so daß die blaue Farbe dieser Ionen mit der Farbe der undissoziierten Molekeln, die gelb gefärbt sind, eine grüne Mischfarbe ergibt. Verdünnt man die Lösung, so wächst die Menge der dissoziierten Kupferionen und deshalb erscheinen verdünnte Kupferchloridlösungen stets blau. Das zweiwertige Kation $Co^{\cdot\cdot}$ in den Kobaltosalzen ist rot, die in einem undissoziierten Salze befindlichen Kobaltatome sind blau gefärbt. Eine konzentrierte Kobaltsulfatlösung enthält wenig dissoziierte Kobaltoionen und ist daher blau. Verdünnt man die Lösung, so geht die Farbe mit zunehmender Verdünnung über blau, violett und rotviolett in lichtrot über. Durch Erwärmen geht die Dissoziation zurück; folglich wird die rote Lösung eines Kobaltsalzes durch Erwärmen blau und nimmt beim Abkühlen wieder die rote Farbe an.

Zur Nachweisung von Säuren und Basen pflegt man gewisse Farbstoffe anzuwenden, welche eine verschiedene Färbung geben, je nachdem sie mit der einen oder anderen dieser Substanzengruppe zusammentreffen. Die saure Reaktion rührt von der Anwesenheit freier Wasserstoffionen, die alkalische von Hydroxylionen her.

Als Indikator auf freie Hydroxylionen (Basen) dient z. B. das Phenolphtalein, welches eine schwache Säure ist, die wir mit HP bezeichnen wollen. Die nichtdissoziierte Molekel HP ist farblos, während das Anion P′ intensiv rot gefärbt ist. Als schwache Säure zerfällt das Phenolphtalein beim Lösen in wässerigem Alkohol nur in sehr geringer Menge und die Lösung erscheint daher farblos. Setzt man aber der Lösung eine starke Base hinzu, so bildet sich ein Salz des Phenolphtaleins KP, welches in die Ionen $K^{\cdot}$ und P′ dissoziiert ist und die Lösung wird durch das Anion P′ rot gefärbt. Die Rotfärbung erfolgt also infolge der Bildung von Ionen P′ aus der farblosen Molekel HP. Die Lösung wird nach der Neutralisation durch den geringsten Überschuß freier Säure entfärbt, indem sich die farblose, nichtdissoziierte Molekel HP bildet.

Nichtdissoziierter Lackmusfarbstoff ist eine schwache, rot gefärbte Säure, die durch Spuren von Basen blau gefärbt wird, indem das entstehende Salz sofort in Metallkationen der Base und in blaue Anionen der Lackmussäure dissoziiert; setzt man eine Säure zu, die leichter als Lackmusfarbstoff dissoziiert, so führen deren Wasserstoffionen ($H^{\cdot}$) das blaue Lackmusanion in undissoziierten roten Lackmusfarbstoff zurück.

Undissoziiertes Methylorange (Dimethylaminoazobenzolsulfonsäure) ist eine schwache, rot gefärbte Säure, die durch Spuren von Basen gelb gefärbt wird, indem das entsprechende Salz sofort in Metallkationen der Base und in gelbe Anionen des Methylorange dissoziiert; letztere gehen wieder durch die $H^{\cdot}$-Ionen einer leichter dissoziierenden Säure in undissoziiertes Methylorange über. Ist aber die hinzugefügte Säure schwach, also wenig dissoziiert, so genügen geringe Mengen der betreffenden Säure nicht, um Rötung zu erzeugen, da die vorhandenen $H^{\cdot}$-Ionen nicht genügen, um eine sichtbare Menge von undissoziiertem Methylorange zu bilden.

Damit ein Farbstoff als Indikator brauchbar sei, muß er die Eigenschaften einer Säure oder einer Base haben und im nichtdissoziierten Zustande anders gefärbt sein als im Ionenzustande.

Phenolphtalein ist eine schwache Säure. Die durch Alkalien rot gefärbte Lösung enthält das Alkalisalz des Phenolphtaleins, d. h.

zum Ferriion „oxydiert“. Das ungeladene Chlor nimmt eine negative Ladung auf und wird zum Chlorion „reduziert“. Bei dieser Reaktion ist kein Sauerstoff übertragen worden, so daß wir einen solchen Prozeß nur nach Analogie als Oxydation bezeichnen.

Die Einwirkung von Kaliumpermanganat auf ein Ferrosalz entspricht der Formel:

$$2KMnO_4 + 10FeSO_4 + 8H_2SO_4 = K_2SO_4 + 2MnSO_4 + 5Fe_2(SO_4)_3 + 8H_2O$$

oder in Ionenschreibart, welche nur die Veränderungen im Systeme bezeichnet:

$$2MnO_4' + 10Fe^{\cdot\cdot} + 16H^{\cdot} = 2Mn^{\cdot\cdot} + 10Fe^{\cdot\cdot\cdot} + 8H_2O$$

oder durch 2 gekürzt:

$$MnO_4' + 5Fe^{\cdot\cdot} + 8H^{\cdot} = Mn^{\cdot\cdot} + 5Fe^{\cdot\cdot\cdot} + 4H_2O.$$

Der Vorgang besteht also in dem Übergange des Ferroions in das Ferriion einerseits und in der Verwandlung des Permanganats in das Manganosalz andererseits. Ein Verbindungsgewicht Permanganat gibt also fünf Verbindungsgewichte Eisen an.

Noch mannigfaltiger als beim Eisen zeigt sich die Bildung verschiedenartiger Ionen beim Chrom. Außer dem dreiwertigen Kation $Cr^{\cdot\cdot\cdot}$ existiert noch das zweiwertige Anion der Chromsäure CrO_4'' und das gleichfalls zweiwertige Anion der Dichromsäure Cr_2O_7''. Das Ion der Chromsäure, das Chromation CrO_4'', ist gelb gefärbt und schließt sich in den Löslichkeitsverhältnissen seiner Salze dem Sulfation SO_4'' an. Es ist nur in neutraler oder basischer Lösung beständig; trifft es mit Wasserstoffion zusammen, so entsteht unter Wasserbildung das Dichromation Cr_2O_7'', welches eine rote Farbe hat:

$$2CrO_4'' + 2H^{\cdot} = Cr_2O_7'' + H_2O.$$

Die Lösung eines Metalls in einer in Wasser gelösten, stark dissoziierten Säure besteht hauptsächlich in dem Übergange einer positiven elektrischen Ladung vom Wasserstoff zum Metall: bei der Einwirkung von Zink auf Salzsäure haben wir

$$Zn + 2H^{\cdot} + 2Cl' = Zn^{\cdot\cdot} + 2Cl' + H_2$$

oder

$$Zn + 2H^{\cdot} = Zn^{\cdot\cdot} + H_2.$$

In ähnlicher Weise besteht der Ersatz von Brom in einem gelösten Bromid durch Chlor hauptsächlich in einem Übergange einer elektrischen Ladung vom Brom zum Chlor:

$$Cl_2 + 2K^{\cdot} + 2Br' = Br_2 + 2K^{\cdot} + 2Cl',$$

oder

$$Cl_2 + 2Br' = Br_2 + 2Cl'.$$

Wenn ein Tropfen einer (neutralen oder schwach sauren) Quecksilbersalzlösung auf ein blankes Kupferblech gebracht wird, erhält man einen mattgrauen Fleck von ausgeschiedenem Quecksilber. Die Reaktion findet bei Anwendung von Quecksilberchlorid in folgender Weise statt:

$$Cu + Hg^{\cdot\cdot} + 2Cl' = Cu^{\cdot\cdot} + 2Cl' + Hg;$$

das Merkuriion hat seine Ladung verloren und es ist metallisches Quecksilber daraus geworden, während das metallische Kupfer durch Aufnahme der elektrischen Ladung des Merkuriions in gelöstes Kupriion übergegangen ist.

Bei der Einwirkung von Eisen auf Kupfersulfatlösung entsteht Eisensulfat und Kupfer scheidet sich aus. Diese chemische Umsetzung wird durch folgende Gleichung ausgedrückt:

$$Fe + Cu^{\cdot\cdot} + SO_4'' = Fe^{\cdot\cdot} + SO_4'' + Cu;$$

das Eisen ist durch Aufnahme der elektrischen Ladung des Kupriions in Ferroion verwandelt worden, während das Kupriion durch Verlust seiner elektrischen Ladung metallisches Kupfer geworden ist. Wir sehen also, daß die Metalle (und auch die Nichtmetalle) eine verschieden große Tendenz haben, elektrische Ladungen aufzunehmen oder daß ihre Elektroaffinität verschieden groß ist. So z. B. scheidet das Eisen Kupfer aus den Lösungen seiner Salze deshalb metallisch aus, weil es eine größere Tendenz hat, sich mit Elektrizität zu beladen als das Kupfer. Die Metalle mit größerer Elektroaffinität scheiden daher aus den Lösungen der Salze die Metalle mit geringerer Elektroaffinität metallisch aus.

Nach der Größe der Elektroaffinität geordnet, ergibt sich folgende Reihenfolge der Metalle: K, Na, Li, Ba, Sr, Ca, Mg, Al, Mn, Zn, Cd, Cr, Fe, Co, Ni, Sn, Pb — (H) —, Sb, Bi, As, Cu, Hg, Ag, Pt, Au.

Jedes in dieser Reihe — der sogenannten Spannungsreihe — vorkommende Metall scheidet die ihm nachstehenden Metalle aus ihren Salzlösungen metallisch aus. Aus der Reihenfolge der Elemente ist ferner zu ersehen, daß Metalle wie Zink und Eisen durch Salzsäure oder verdünnte Schwefelsäure unter Entwicklung von Wasserstoff angegriffen werden, während Metalle wie Kupfer oder Quecksilber von diesen Säuren nicht verändert werden.

Die in der Reihe vor dem Wasserstoff stehenden Metalle können ferner entweder bei gewöhnlicher oder bei hoher Temperatur das Wasser unter Ausscheidung von Wasserstoff und Bildung von Metalloxyd oder Metallhydroxyd zersetzen. Die in der Reihe dem Wasserstoff nachstehenden Metalle wirken auf das Wasser weder bei gewöhnlicher noch bei erhöhter Temperatur ein, und dies erklärt es, warum gerade diese Metalle so häufig im gediegenen Zustande sich vorfinden.

Überall, wo voneinander verschiedene, sich berührende Metalle dem Einflusse der atmosphärischen Niederschläge unterworfen sind, macht sich die relative Stellung der einzelnen Metalle in der Spannungsreihe geltend, indem das in der Reihe voranstehende Metall in Lösung geht und also angegriffen wird, wodurch das andere Metall in gewissem Grade geschützt ist. Ein verzinkter Eisendraht wird also an den Stellen, wo die Zinkschicht verletzt ist, nicht so stark rosten wie wenn er keinen Zinküberzug hätte. Wird hingegen bei verzinntem Eisen der Zinnüberzug verletzt und dadurch das Eisen bloßgelegt, so tritt an diesen Stellen das Rosten sehr bald ein und greift schneller um sich, als wenn das Eisen überhaupt nicht verzinnt wäre. Die atmosphärischen Niederschläge wirken auch hier als Elektrolyte auf die Kombination Eisen-Zinn derart ein, daß das Eisen zur Lösungselektrode wird. Es bilden sich infolgedessen Eisensalze, die unter Abspaltung der Säuren in Eisenhydroxyd übergehen. Ebenso ist ein Nickelüberzug kein Schutzmittel gegen das Rosten des Eisens.

Elektronentheorie.

Der Begriff „Elektrizität" ist nur ein Name; einen besseren Einblick in die Natur der Vorgänge, die den elektrischen Erscheinungen zugrunde liegen, erhält man durch die Annahme der materiellen (stofflichen) Natur der Elektrizität. Nach dieser „Elektronentheorie" ist die Elektrizität eine Art leichtes, feines Gas, das aus Elektronen besteht, aus unendlich kleinen, räumlich getrennten Teilchen, die nicht weiter teilbar sind und die sich zur Elektrizität etwa so verhalten wie die Atome zum Stoff. Diese Elementarteilchen der Elektrizität denkt man sich viel kleiner als die Atome der Elemente; man nimmt an, daß die träge Masse eines Elektrons $^1/_{2000}$ von der eines Wasserstoffatoms beträgt. Die Elektronen sind stets mit einer negativen elektrischen Ladung behaftet, die von ihnen nicht getrennt werden kann. Bringt man also Elektronen zueinander, so werden die negativen Ladungen sie immer voneinander wegstoßen, so daß nie ein zusammenhängendes Gebilde entstehen kann. Nur mit und in den chemischen Atomen, deren Masse vermutlich als positive Ladung die Elektronenladung neutralisiert (oder in denen vielleicht auch eine uns noch unbekannte positive Ladung neutralisierend wirkt), können sie an dem Aufbau der sichtbaren Stoffe teilnehmen.

Während alle anderen Stoffe sich gegenseitig anziehen, stoßen sich also die Elektronen gegenseitig heftig ab. Über das Verhältnis der Elektronen zu den Atomen der Stoffe hat die Elektronentheorie folgende Anschauung: Jedes Atom der Elemente enthält immer eine Anzahl Elektronen, auch dann, wenn es äußerlich nicht elektrisch erscheint. Die elektrische Wirkung nach außen wird nämlich gewöhnlich durch eine Kraft im Atom, die man „positive Elektrizität" nennt, obwohl sie gar keine Elektrizität ist, gebunden oder ausgeglichen. Verliert ein Atom auf irgendeine Weise ein Elektron oder auch mehrere, so bekommt die positive Kraft die Überhand und man sagt: das Atom ist positiv elektrisch geladen. Tritt der andere Fall ein, daß mehr Elektronen vorhanden sind wie gewöhnlich, so wird naturgemäß die Elektronenladung, die das ist, was man früher „negative Elektrizität" nannte, und die die eigentliche Elektrizität ist, äußerlich merkbar, und man sagt: das Atom ist negativ elektrisch. Ist ein Stoff auf irgendeine Weise mit freien Elektronen überladen worden, so stoßen sich diese heftig untereinander ab und suchen auf Stoffe zu entkommen, deren Atome arm an Elektronen sind. Zwischen elektronenfreien Atomen und Elektronen besteht also eine Anziehung, und das meint man, wenn man sagt: positive und negative Elektrizität (ungleichnamige Elektrizitäten) ziehen sich an. Daß die Elektronen sich gegenseitig abstoßen und daß auch elektronenfreie Atome nichts zueinander treibt, liegt dem alten Satze zugrunde: „Gleichnamige Elektrizitäten stoßen einander ab." Nach dieser Auffassung ist daher ein Ion ein Atom, das entweder ein Elektron oder mehrere Elektronen (je nach dem chemischen Wert) zu wenig (Kation) oder ein Elektron oder mehrere Elektronen zu viel hat (Anion). Bei der Dissoziation des Chlornatriums z. B. hat das Chloratom bei seinem Austritt aus der ursprünglich unelektrischen Natriumchloridmolekel etwas negative Elektrizität, d. h. ein Elektron (Chlor ist einwertig), mitgenommen. Dieses Elektron fehlt dem Rest der Molekel, dem Natriumion, welches daher „positiv elektrisch" erscheint. Bildlich läßt sich der Vorgang bei der Dissoziation des Natriumchlorids durch Wasser

$$NaCl \rightleftarrows Na^{\cdot} + Cl'$$

etwa folgendermaßen veranschaulichen:

wobei • ein Elektron, ○• ein negativ-elektrisches Chlorion und ◍ ein positiv-elektrisches Natriumion bezeichnet.

Da die Natriumionen im Elektrolyten von der Kathode angezogen werden, so müssen dort Elektronen ausgeschieden werden, welche sich mit dem elektronenfreien Natriumion zu einem Natriumatom verbinden, während die Anode elektronenfrei ist und daher das negative Chlorion anzieht, welches an die Anode das Elektron abgibt und dadurch wieder in ein Chloratom verwandelt wird.

Die Elektronen wandern also von der Kathode der Stromquelle durch den Leitungsdraht in die Kathode des Elektrolyten und verbinden sich dort mit den von ihnen angezogenen Kationen zu Atomen; die im Metall der Anode sich anhäufenden Elektronen werden sich gegenseitig abstoßen und in der metallischen Leitung zur Anode der Stromquelle hin durch diese hindurch und weiter durch die metallische Leitung zur Kathode hingepreßt. Diese Wanderung der Elektronen durch eine metallische Leitung ist es, welche man den „elektrischen Strom" nennt.

Die Elektronentheorie steht mit der Nernstschen Theorie der Stromerzeugung in galvanischen Elementen in vollem Einklange.

Wir wollen uns zunächst mit den Vorgängen beschäftigen, die sich nach Nernst abspielen, wenn ein Metall in eine Lösung eingetaucht wird. Angenommen, wir lösen Zucker in Wasser auf. Sobald sich etwas Zucker gelöst hat, kommt der osmotische Druck der Zuckermolekeln in der Flüssigkeit zur Geltung, welcher der Lösungstension entgegenwirkt und gleichsam das Eindringen von neuen Zuckermolekeln in die Lösung zu verhindern versucht. Je größer die Konzentration der Zuckerlösung oder ihr osmotischer Druck ist, um so langsamer geht die weitere Auflösung des Zuckers vor sich.

Nach Nernst hat auch jedes Metall, das in Wasser oder in eine Lösung eingetaucht wird, eine Lösungstension, hat also das Bestreben, Molekeln in die Flüssigkeit zu senden. Von den anderen Substanzen aber unterscheiden sich die Metalle dadurch, daß sie nur ihre Molekeln als Metallionen, d. h. als positiv geladene Ionen (Kationen) in die Flüssigkeit hineindrücken. Man bezeichnet ihre Lösungstension dementsprechend als elektrolytische Lösungstension (Lösungs- oder Ionisierungsdruck) und sie wird wirksam, wenn das Metall in die wässerige Lösung eines seiner Salze taucht, und zwar um so wirksamer, je weniger von den Kationen des Metalles bereits in der Lösung enthalten sind, also je kleiner die Entionisierungstendenz (entsprechend dem osmotischen Druck) der in der Lösung bereits vorhandenen Kationen ist.

Dieser Lösungsdruck (Lösungstension), von der die bei chemischen Prozessen gewonnene elektromotorische Kraft abhängt, ist für die verschiedenen Metalle äußerst verschieden und nimmt bei nachstehender Anordnung derselben nach rechts (ebenso wie die

Elektroaffinität, S. 123) immer mehr ab: K, Na, Mg, Al, Mn, Zn, Cd, Fe, Co, Ni, Sn, Pb, Sb, Bi, As, Cu, Hg, Ag, Pd, Pt, Au.

Es ist aus dieser Reihenfolge ersichtlich, daß z. B. Zink eine viel größere elektrolytische Lösungstension besitzt wie Kupfer. Auf dieser Verschiedenheit der elektrolytischen Lösungstension verschiedener Metalle beruht die Wirkung galvanischer Elemente oder galvanischer Ketten.

Ein Daniell-Element, das als Beispiel dient, besteht aus einem Zinkstab, der in eine Zinksulfatlösung taucht, und aus einem Kupferstab, der in eine Cuprisulfatlösung taucht. Beide Lösungen sind durch eine poröse Tonwand voneinander geschieden. Die elektromotorische Kraft entsteht dadurch, daß das Zink, welches eine große Lösungstension besitzt, seine Atome als elektropositive Ionen in den Elektrolyten befördert, wodurch es elektronegativ, also zur Kathode wird, während am Kupfer aus der angrenzenden Lösung deren Kationen unter Abgabe ihrer positiven Ladung als Molekeln abgeschieden werden, wodurch dieses Metall elektropositiv, also zur Anode wird. Die elektrolytische Lösungstension des Kupfers ist nämlich sehr gering; sie ist kleiner als der osmotische Druck der Kupferionen in stark verdünnter Kupfersulfatlösung. Es gehen daher, getrieben durch den osmotischen Druck, Kupferionen aus der Lösung auf den Kupferstab (unwägbare Mengen) über. Da infolgedessen das Kupfer positiv elektrisch wird, so übt seine Ladung auf die weiter herandrängenden positiv-elektrischen Kupferionen eine Abstoßung aus und es stellt sich daher bald ein Gleichgewichtszustand ein.

Das Kupfer unseres Elementes bildet also die Anode, das Zink die Kathode. Verbindet man die Elektroden durch einen Schließungsdraht, so findet ein Ausgleich der entgegengesetzten Elektrizitäten, also ein elektrischer Strom statt, der so lange anhält, bis alles Metall der Kathode gelöst oder alles Metall aus der Elektrolytlösung an der Anode niedergeschlagen ist.

Die Ursache des elektrischen Stromes in galvanischen Ketten ist darin zu suchen, daß die eine lösliche Metallelektrode (der lösliche Pol) an den gelösten Elektrolyten positiv geladene Metallionen abgibt und dadurch negativ-elektrisch geladen wird, während aus dem Elektrolyten positiv geladene Metallionen an die andere Metallelektrode (an den positiven Pol) gehen und so ein Spannungsunterschied entsteht.

Je weiter zwei Metalle in der oben angegebenen Reihe auseinander stehen, um so größer ist die elektromotorische Kraft oder die elektrische Spannung der aus ihnen kombinierten galvanischen Elemente, weshalb die obige Anordnung auch S p a n n u n g s r e i h e heißt.

Nach der Elektronentheorie sendet der Zinkpol der galvanischen Batterie in die denselben umspülende Flüssigkeit Zinkionen, welche wegen der Zweiwertigkeit des Zinks zwei Elektronen zu wenig haben, also sich positiv-elektrisch verhalten, wodurch sich im Zinkpol Elektronen anhäufen und ihn daher elektrisch oder, wie man sagt, negativ-elektrisch machen. Am Kupferpol hingegen scheiden sich aus den oben angeführten Gründen umgekehrt aus der angrenzenden Flüssigkeit Kupferionen ab, welche, der Zweiwertigkeit des Kupfers entsprechend, zwei Elektronen zu wenig besitzen und den Kupferpol daher durch Entziehung von Elektronen, mit denen sie sich zu Kupferatomen verbinden, in den Zustand versetzen, welchen man gewöhnlich positiv-elektrisch nennt.

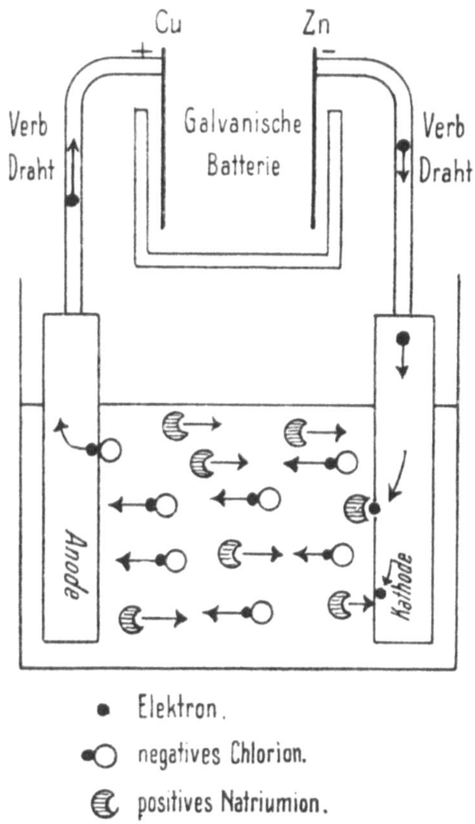

Fig. 13.
Nach Prof. Dr. E. Lecher, Physikalische Weltbilder.

Da sich nun durch Auflösung des Zinks im Zinkpol immer mehr Elektronen anhäufen, so werden diese bei der Verbindung des Zinkpols mit dem Kupferpol durch einen Schließungsdraht infolge der gegenseitigen Abstoßung gezwungen, durch den Schließungsdraht zum Kupferpol und von da aus durch die Flüssigkeit wieder zum Zinkpol zu wandern, und es entsteht auf diese Weise ein elektrischer Strom.

Die Vorgänge, welche sich abspielen, wenn man die Elektronen durch einen in den Schließungsdraht eingeschalteten Elektrolyten, z. B. eine Kochsalzlösung, hindurchgehen läßt, werden durch die Fig. 13 bildlich veranschaulicht. Dabei ist die Richtung des Stromes der usuellen entgegengesetzt.

Komplexe Ionen.

Wird zu einer Kupfersulfatlösung Zyankalium gefügt, so wird die anfänglich blaue Lösung farblos. Aus dieser Farbenänderung kann auf das Verschwinden von blauen Kupferionen geschlossen und gefolgert werden, daß die farblose, zweifellos elementares Kupfer enthaltende Lösung keine der chemischen Reaktionen mehr zeigen wird, welche in den blauen Kupfersalzlösungen die Anwesenheit von Kupfer feststellen. Die farblose Kupferzyanlösung ergibt in der Tat auch weder mit Schwefelwasserstoff noch mit Ammoniak eine Kupferreaktion. Die Antwort auf die Frage, was aus dem Kupfer in dieser Lösung geworden ist, ergibt sich durch die Elektrolyse dieser Flüssigkeit. Leitet man durch dieselbe einen elektrischen Strom, so scheidet sich nicht, wie das bei einer blauen Kupfersalzlösung geschieht, das Kupfer an der Kathode ab, sondern das Kupfer wandert zusammen mit dem Zyan zur Anode. Das Kupfer bildet also mit dem Zyan zusammen ein Anion, welchem der Analyse nach die Formel CuC_4N_4'' zukommt. Ein solches aus mehreren Elementen bestehendes Ion wird als komplexes Ion bezeichnet, und es ist klar, daß das Kupfer in der komplexen Ionenform $Cu(CN)_4''$ nicht mehr die Reaktionen der gewöhnlichen Kupfersalze zeigt, in denen sich das Kupfer als Kation befindet. Die durch Einwirkung von Zyankalium auf ein Kupfersalz (auch auf Kuprisulfid) entstehende komplexe Verbindung ist nach der Formel $2K^{\cdot} + Cu(CN)_4''$ (Kaliumkupferzyanid) zusammengesetzt.

Bekannt ist das ähnliche Verhalten des Eisens. Das gelbe und rote Blutlaugensalz, das Ferrozyankalium $K_4Fe(CN)_6$ und das Ferrizyankalium $K_3Fe(CN)_6$ enthalten Eisen. Aber die Lösungen der beiden Salze zeigen keine der Reaktionen, die man bei den gewöhnlichen Eisensalzen sonst beobachtet. Auch ist ferner die Farbe verschieden von den blaugrünen Ferroionen und den braungelben Ferriionen. Der Grund dieser Erscheinungen beruht auch hier auf der Bildung von komplexen Ionen. Das gelbe Blutlaugensalz enthält das Ferrozyanion $Fe(CN)_6''''$ und das rote Blutlaugensalz das Ferrizyanion $Fe(CN)_6'''$. Hierdurch entsteht das merkwürdige Verhältnis, daß man Eisen mit Hilfe eines Reagens nachweisen kann, welches selbst Eisen enthält. Die Salze des Ferrozyanions geben mit Ferriion, die Salze des Ferrizyanions mit Ferroion einen blauen Niederschlag von Ferroferrizyanid, beziehungsweise Ferriferrozyanid.

Viele Metallsalze, deren Kationen giftig sind, z. B. $Cu^{\cdot\cdot}$, $Ag^{\cdot}$, $Hg^{\cdot\cdot}$, verlieren ihre Giftigkeit, wenn sie komplexe Anionen (selbst mit dem giftigen CN) bilden; das Silberion $Ag^{\cdot}$ der Silbersalze, z. B. von $AgNO_3$, besitzt eine stärkere desinfizierende Kraft als das komplexe Ion $Ag(CN)_2'$ des Kaliumsilberzyanids $KAg(CN)_2$, das Anion CN' ist ein starkes Gift, das Anion $Fe(CN)_6''''$ des Ferrozyankaliums $K_4Fe(CN)_6$ ist ungiftig.

Durch Einwirkung von überschüssigem Ammoniak entstehen aus gewissen Salzen auch Komplexkationen, z. B. $Cu(NH_3)_4^{\cdot\cdot}$, $Ag(NH_3)_2^{\cdot}$, Silberchlorid löst sich in Ammoniak auf und bildet das Chlorid des komplexen Silberammoniakions $[Ag(NH_3)_2]Cl$, das Silberdiammoniakchlorid.

Äquimolekulare Mengen fester, gelöster, untereinander verschiedener Stoffe zeigen in demselben Lösungsmittel bei derselben Temperatur, wie uns bekannt, denselben osmotischen Druck, daher auch dieselbe Gefrierpunkts- und Siedepunktsänderung. Da nun Säuren, Basen und Salze in Lösung dissoziiert sind, so werden sie selbstverständlich im Verhältnis zur Zahl der Ionen, in welche die Molekeln dieser Elektrolyte gespalten werden, den osmotischen Druck erhöhen und die Molekulardepression vergrößern. Eine molekulare Lösung von Kochsalz z. B., dessen Molekeln in zwei Ionen, $Na^{\cdot}$ und Cl', gespalten werden, wird bei gleicher Temperatur und demselben Lösungsmittel einen doppelt so großen osmotischen Druck sowie eine doppelt so große molekulare Gefrier- und Siedepunktsänderung zeigen wie die molekulare Lösung eines nichtdissoziierten Stoffes, wie z. B. des Zuckers oder anderer ähnlicher organischer Substanzen. Der osmotische Druck sowie die molekulare Gefrier- und Siedepunktsänderung ist also für Chlorbaryum $BaCl_2 = Ba^{\cdot\cdot} + Cl' + Cl'$ dreimal so groß wie die für eine nichtdissoziierte Molekel.

Der osmotische Druck sowie die molekulare Gefrier- und Siedepunktsänderung ist jedoch für die komplexe Verbindung $KAg(CN)_2$ (Kaliumsilberzyanid) nicht viermal so groß wie die für eine nichtdissoziierte Molekel (zerfällt also nicht in die Ionen $K^{\cdot}Ag^{\cdot}\ 2CN'$), sondern nur zweimal so groß, weil diese Verbindung in die Ionen $K^{\cdot} + [Ag(CN)_2]'$ zerfällt, für $K_4Fe(CN)_6$ (Ferrozyankalium) nicht elfmal so groß wie bei einer nichtdissoziierten Molekel (zerfällt also nicht in die Ionen $K^{\cdot} + K. + K^{\cdot} + K^{\cdot} + Fe^{\cdot\cdot} + 6CN'$), sondern nur fünfmal so groß, weil diese Verbindung in die Ionen $K^{\cdot} + K^{\cdot} + K^{\cdot} + K^{\cdot} + [Fe(CN)_6]''''$ zerfällt.

In komplexen Salzen treten also mehrere Ionen zu einem Komplex zusammen, der sich wie ein einzelnes Ion verhält und daher nicht mehr die chemischen Reaktionen der Bestandteile desselben zeigt.

In folgendem soll die Entstehung komplexer Radikale durch Anlagerung von Molekeln besprochen werden.

Binäre Verbindungen, wie H_2O, K_2O, SO_3, HCl, $NaCl$, H_3N usw., deren Molekeln durch das Zusammentreten der Atome zweier verschiedener Elemente gebildet wurden, nennt man (nach A. Werner) „Verbindungen erster Ordnung". Die Atome dieser Molekeln werden durch die Hauptvalenzen zusammengehalten. Diese Molekeln sind jedoch nicht als „gesättigt" anzusehen, sondern als solche, welche noch ungesättigte Nebenvalenzen oder Restaffinitäten besitzen auch dann, wenn nach der Valenzzahl zu schließen, das Bindevermögen der Atome erschöpft ist. Dies ergibt die Tatsache, daß die Verbindungen erster Ordnung sich zu Verbindungen höherer Ordnung vereinigen können. So entsteht durch Verbindung von Schwefeltrioxyd und Wasser die Schwefelsäure: $\overset{O}{\underset{O}{OS}} + H_2O = \overset{O}{\underset{O}{OS}}\cdot OH_2 = SO_4H_2$. Es ist also im Schwefeltrioxyd und im Wasser je eine Nebenvalenz vorhanden. Analog dem Schwefeltrioxyd verhält sich Platinchlorid $PtCl_4$ gegenüber einer großen Anzahl von Verbindungen erster Ordnung. Es vereinigt sich z. B. mit Chlorwasserstoff unter Bildung von Platinchlorwasserstoffsäure:

$$Cl_4Pt + 2HCl = Cl_4Pt\begin{smallmatrix}\cdot ClH\\ \cdot ClH\end{smallmatrix} = (PtCl_6)H_2.$$

Das Hydrat des Platinchlorids $Cl_4Pt + 2H_2O = \left(Cl_4Pt\begin{smallmatrix}\cdot OH\\ \cdot OH\end{smallmatrix}\right)\begin{smallmatrix}H\\ H\end{smallmatrix}$ verhält sich wie eine Säure. Durch Silberchlorid entsteht infolgedessen aus einer wässerigen Lösung von Platinchlorid kein Chlorsilber, sondern eine Verbindung von der Formel $Cl_4Pt\begin{smallmatrix}\cdot OH\cdot Ag\\ \cdot OH\cdot Ag\end{smallmatrix}$.

Ammoniak und Chlorwasserstoff bilden Ammoniumchlorid: $H_3N + HCl = H_3N \ldots HCl = (H_3N\cdot H)Cl$, Ammoniak und Wasser geben Ammoniumhydroxyd: $H_3N + H_2O = H_3N\cdot HOH = (H_3N\cdot H)OH$. Wie säurebildende und basenbildende Oxyde, können auch Fluoride, Chloride usw. verschiedener Elemente sich zu Salzen miteinander vereinigen. Einige Beispiele von Fluorsalzen mögen über die Natur der dadurch entstehenden Verbindungen orientieren:

$$\begin{matrix}Fl\\ FlAl\\ Fl\end{matrix} + 3NaFl = \begin{matrix}Fl\ \cdot FlNa\\ FlAl\cdot FlNa\\ Fl\ \cdot FlNa\end{matrix} \longrightarrow (AlFl_6)Na_3$$

Natriumaluminiumfluorid
Kryolith

$$\begin{matrix}Fl\\ Fl\,Si\\ Fl\\ Fl\end{matrix} + 2HFl = \begin{matrix}Fl\\ Fl\,Si\cdot FlH\\ Fl\,\cdot FlH\\ Fl\end{matrix} \longrightarrow (SiFl_6)H_2$$

Siliziumfluorid — **Kieselfluorwasserstoffsäure.**

Wir sehen, daß in den oben betrachteten Verbindungen ein als Zentrum wirkendes Atom vorhanden ist, im O_3S das Schwefelatom, im Cl_4Pt das Platinatom usw., welches sich bei der Äußerung der Nebenvalenz mit einer bestimmten Anzahl von Atomen vereinigen kann. So stehen dem Aluminium im Aluminiumfluorid drei, dem Silizium im Siliziumfluorid zwei Nebenvalenzen zur Verfügung, und es verbindet sich im Aluminiumfluorid das zentrale Atom Al bei der Anlagerung von 3 NaFl mit 3 Atomen Fluor und im Siliziumfluorid das zentrale Atom Si mit 2 Fluoratomen. Die Anzahl von Atomen, welche sich bei der Anlagerung mit einem als Zentrum wirkenden Atom zu komplexen Radikalen vereinigen können, nennt man die Koordinationszahl.

Wie die Zahl der Hauptvalenzen der Elementaratome, so zeigt auch die Zahl der Nebenvalenzen einen Maximalwert. Es stehen z. B. dem Eisen im Ferrozyanid im Maximum vier, im Ferrizyanid drei, dem Platin im Platinchlorid zwei Nebenvalenzen zur Verfügung:

$Cy_2Fe<$ (vier Nebenvalenzen)	$Cy_3Fe<$ (drei Nebenvalenzen)	$Cl_4Pt<$ (zwei Nebenvalenzen)
$Cy_2Fe\begin{array}{l}\cdot CyK\\ \cdot CyK\\ \cdot CyK\\ \cdot CyK\end{array}$	$Cy_3Fe\begin{array}{l}\cdot CyK\\ \cdot CyK\\ \cdot CyK\end{array}$	$Cl_4Pt\begin{array}{l}\cdot ClH\\ \cdot ClH\end{array}$
$(FeCy_6)K_4$	$(FeCy_6)K_3$	$(PtCl_6)H_2$
Ferrozyankalium	**Ferrizyankalium**	**Platinchlorwasserstoff.**

Die relative Stärke der Säuren.

Die Verdrängung einer Säure aus ihren Salzen durch eine andere ist nicht immer als Beweis dafür anzusehen, daß die letztere die stärkere Säure ist. Kupferchlorid und Schwefelwasserstoff geben in wässeriger Lösung Kupfersulfid und Salzsäure, während Eisensulfid und Salzsäure bei ihrer Einwirkung Eisenchlorür und Schwefelwasserstoff bilden. Im ersteren Falle erscheint Schwefelwasserstoff stärker als Chlorwasserstoffsäure, im letzteren Falle erscheint hingegen wieder der Schwefelwasserstoff als eine schwächere Säure wie Salzsäure.

Wenn wir z. B. eine wässerige Lösung von Natriumsilikat mit Salzsäure versetzen, so wird Chlornatrium gebildet und Kieselsäure in Freiheit gesetzt, aber bei sehr hoher Temperatur, wie beim Glasieren der Steingutware, ist Siliziumdioxyd bei Gegenwart von Wasser fähig, Natriumchlorid unter Austreiben von Chlorwasserstoff zu zerlegen. Der erste Versuch ergibt, daß die Salzsäure stärker als die Kieselsäure und der zweite, daß die Kieselsäure stärker als die Salzsäure ist. Borsäure treibt beim Glühen mit Sulfaten

Schwefelsäure aus, wäre also „stärkere“ Säure. Die Reaktion $BiCl_3 + HOH = BiOCl + 2HCl$ würde besagen, daß Wasser Salzsäure in Freiheit setzt, sich also wie eine stärkere Säure verhalte.

Die vorgeführten Versuche ergeben deshalb keine vergleichbaren Resultate, weil bei denselben eine der reagierenden Substanzen entweder als unlöslicher Stoff (Kupfersulfid) oder als flüchtiges Gas (Chlorwasserstoff) aus dem Reaktionsbereiche entfernt wird.

Vergleichbare Resultate über die relative Stärke zweier Säuren erhält man dann, wenn beide Säuren im Bereiche der Reaktion in gelöstem Zustande verbleiben. Mischt man z. B. äquivalente Lösungen von Natriumsulfat und Salzsäure, so findet man mit Hilfe physikalischer Methoden, daß die Salzsäure fast doppelt so viel Natrium mit Beschlag belegt als die Schwefelsäure, daß also die Salzsäure stärker als die Schwefelsäure ist.

Auf Grund der Ionentheorie, nach welcher die Eigenschaften der Säuren von den Wasserstoffionen bedingt sind, läßt sich mit Sicherheit sagen, daß diejenigen Säuren die sauren Eigenschaften besonders stark zeigen werden, welche eine große Konzentration der H-Ionen besitzen. Da die Menge der Ionen durch den Dissoziationsgrad ausgedrückt wird, so müssen durch diesen die Stärken der Säuren quantitativ bestimmbar sein.

Da sich an der Elektrolyse nur die Ionen beteiligen, so hängt die Leitfähigkeit einer Lösung offenbar von der Zahl der in der Volumeinheit vorhandenen Ionen ab und von dem Widerstande, den die Ionen bei ihrem Transporte zu den Elektroden finden, also von der Schnelligkeit, mit welcher sie sich bewegen können. Es muß sich daher umgekehrt aus der Vergleichung der elektrischen Leitfähigkeit äquivalenter Lösungen verschiedener Stoffe die relative Dissoziation der gelösten Stoffe ergeben.

Vergleichen wir äquivalente Lösungen verschiedener Säuren unter denselben Bedingungen, so ist die elektrische Leitfähigkeit nahe proportional dem Dissoziationsgrad in der gelösten Substanz.

In folgendem soll der Mittelwert der elektrischen Leitfähigkeit äquivalenter Lösungen einiger Säuren angegeben werden, wobei die Werte auf den für Salzsäure gleich 100 bezogen sind: Salzsäure = 100, Salpetersäure = 99,6, Schwefelsäure = 65,1, Orthophosphorsäure = 7,3, Weinsäure = 2,3, Essigsäure = 0,4. Von den angeführten Säuren ist also die Salzsäure die stärkste, dann folgen der Reihe nach die starken Säuren Salpetersäure und Schwefelsäure und die schwachen Säuren Orthophosphorsäure, Weinsäure und Essigsäure.

Schwache Säuren mit einer Dissoziation unterhalb eines Prozentes sind Kohlensäure, Schwefelwasserstoff, Zyanwasserstoff, Kieselsäure, Borsäure. Die beiden letztgenannten sind kaum meßbar dissoziiert. Um die Stärke oder Schwäche von Säuren abzuwägen, gab es früher nur ungefähre Schätzungen, während, wie wir eben gesehen haben, jetzt eine exakte Methode zur Bestimmung von Stärke und Schwäche der Säuren ausgebildet ist.

Die relative Stärke der Basen.

Die zur Messung der relativen Stärke von Basen angewendeten Methoden sind den für die Säuren angewendeten ähnlich.

Nach der Dissoziationshypothese sind die wesentlichen Eigenschaften der Basen durch die Hydroxylionen bedingt. Basen weichen voneinander in der Stärke ab, je nachdem ihre äquivalenten Lösungen mehr oder weniger Hydroxylionen enthalten und die Base ist die stärkere, welche die größere Zahl davon hervorbringt.

Die elektrische Leitfähigkeit äquivalenter Lösungen der löslichen Basen liefert also ein Mittel, ihre relativen Stärken zu beurteilen.

Die Leitfähigkeit eines Elektrolyten muß einesteils bedingt sein durch die Zahl der vorhandenen freien Ionen und andererseits durch die Beweglichkeit dieser Ionen. Entsprechend ihrer verschiedenen Schwere und Wertigkeit ist es von vornherein unwahrscheinlich, daß alle Ionen gleich schnell wandern. Es läßt sich in der Tat die verschiedene Geschwindigkeit der Ionenwanderungen direkt experimentell dadurch bestimmen, daß die Lösung eines Elektrolyten bei längerem Durchgange des Stromes an den beiden Elektroden verschiedene Konzentrationen zeigt, was nur dadurch erklärt werden kann, daß das eine Ion nach der einen Richtung schneller gewandert ist als das andere nach der anderen Richtung. Bezeichnen wir die Geschwindigkeit der beiden Ionen eines binären Elektrolyten mit u und v und den Dissoziationsgrad, welcher die Anzahl der vorhandenen Anionen und Kationen ausdrückt, mit m, so ist die Leitfähigkeit

$$\Lambda = m\,(u + v)\,.$$

Die Leitfähigkeit der Lösung wächst mit der Verdünnung. Das Anwachsen der Leitfähigkeit hört jedoch bei einer bestimmten, sogenannten „unendlichen Verdünnung“ (1 Gramm-Molekel gelöster Substanz in 10000 Liter Lösungsmittel) auf. Daraus kann geschlossen werden, daß bei dieser Verdünnung alle Molekeln der gelösten Substanz in Ionen gespalten sind. In diesem Falle ist der Dissoziationsgrad, das Verhältnis der zerfallenen Molekeln zu ihrer Gesamtzahl, gleich 1, und die Leitfähigkeit bei „unendlicher Verdünnung“

$$\Lambda_\infty = 1\,(u + v)\,.$$

Dividieren wir diese beiden Gleichungen durcheinander, so erhalten wir

$$\frac{\Lambda}{\Lambda_\infty} = m.$$

Bei endlichen Verdünnungen ist also der Dissoziationsgrad, d. h. der Anteil des Ganzen, der sich im Ionenzustande befindet, gleich dem Quotienten der molekularen Leitfähigkeit bei der betrachteten Verdünnung und der molekularen Leitfähigkeit bei „unendlicher Verdünnung".

Wollen wir z. B. den Dissoziationsgrad von Chlorkalium bei der Verdünnung von 1 Liter, d. h. in normaler Lösung (39,1 + 35,46 = 74,56 g KCl im Liter) bestimmen, so teilen wir diese molekulare Leitfähigkeit, die nach Kohlrausch bei 18⁰ 98,2 ist, durch die ebenfalls von Kohlrausch bestimmte molekulare Leitfähigkeit bei „unendlicher Verdünnung", nämlich 131,2, und erhalten als Quotienten 0,75. In einer normalen Lösung von Chlorkalium bei 18⁰ sind also drei Viertel des Salzes in Ionen gespalten.

Der aus dem Gefrierpunkte bestimmte Dissoziationsgrad irgendeines Stoffes stimmt zahlenmäßig mit dem aus der Leitfähigkeit ermittelten fast vollkommen überein.

Eine Bestimmung des Dissoziationsgrades, aus der Leitfähigkeit in der üblichen Weise berechnet, gibt ein korrektes Maß für die Stärke der Basen in äquivalenter Lösung, indem die stärkere Base auch die größere Konstante besitzt.

Wird der Dissoziationsgrad des Lithiumhydroxydes gleich 100 gesetzt, so ist der Dissoziationsgrad des Natrium- und Kaliumhydroxydes = 98, der des Ammoniumhydroxydes = 2.

Die Alkalien, Lithiumhydroxyd, Natrium- und Kaliumhydroxyd haben praktisch den Grenzwert der Stärke erreicht, da sie bei mittleren Verdünnungen fast vollständig dissoziiert sind. Die Hydroxyde der Metalle der alkalischen Erden (Ba, Sr, Ca) sind, wie ähnliche Versuche ergeben haben, gleich stark. Ammoniumhydroxyd ist eine verhältnismäßig schwache Base. Schwache Basen sind die Hydroxyde der zwei- und dreiwertigen Metalle mit Ausnahme der oben genannten.

Massenwirkungsgesetz.

Eine chemische Umsetzung geht nie vollständig zu Ende, weil die entstehenden Stoffe stets das Bestreben haben, die ursprünglichen Stoffe zurückzubilden. Je stärker das Bestreben der ursprünglichen Stoffe ist, in die entstehenden Stoffe überzugehen, in einem um so höheren Maße wird der Vorgang stattfinden; in einem um so geringeren dagegen, je höher das Bestreben der entstehenden Stoffe ist, den chemischen Vorgang wieder rückgängig zu machen. Es haben also sowohl die reagierenden Stoffe als auch die Reaktionsprodukte das Bestreben, sich zu verwandeln, sich chemisch zu verändern, d. h. zu verschwinden. Dieser Tendenz entgegenwirkend ist wiederum das Bestreben der entstehenden Stoffe, sich wieder zurückzuverwandeln. Wenn also das Bestreben der Ausgangsstoffe eines chemischen Vorganges, sich umzuwandeln, ebensogroß ist wie dasjenige der entstandenen Reaktionsprodukte, die Ausgangsstoffe wieder zurückzubilden, so tritt ein scheinbarer Stillstand des chemischen Vorganges ein, bevor er sich vollenden konnte. Bei diesem gleichsam vorzeitig eintretenden Stillstande des Reaktionsvorganges sind sowohl reagierende als auch neugebildete Stoffe gleichzeitig vorhanden, ohne daß eine weitere gegenseitige Einwirkung der vorhandenen Stoffe aufeinander erfolgt. Es ist ein Zustand des chemischen Gleichgewichtes eingetreten.

Ein Beispiel für eine solche unvollständige Reaktion ist die Esterbildung aus Alkohol und Säure:

$$\underset{\text{Äthylalkohol}}{C_2H_5\cdot OH} + \underset{\text{Essigsäure}}{CH_3\cdot COOH} \rightleftarrows \underset{\text{Essigsäureäthylester}}{CH_3\cdot COOC_2H_5} + H_2O.$$

Bringt man Äthylalkohol und Essigsäure in molekularen Mengen zusammen, so beginnt alsbald die Bildung von Essigsäure-Äthyl-Ester und Wasser. Die Reaktion verläuft aber nicht vollständig von links nach rechts im Sinne der geschriebenen Gleichung, derart, daß der gesamte Alkohol und die gesamte Essigsäure verschwinden und nur noch Ester und Wasser vorhanden sind, sondern bevor die Reaktion zu Ende gehen kann, bleibt sie stehen, und es befinden sich nebeneinander Alkohol, Essigsäure-Äthyl-Ester und Wasser in folgendem Endgewichtszustande:

$$^1/_3(C_2H_5\cdot OH + CH_3\cdot COOH) + {}^2/_3(CH_3\cdot COOC_2H_5 + H_2O).$$

46 g Äthylalkohol (1 Mol) und 60 g Essigsäure (1 Mol) bilden also nicht, wie dies der vollständigen Umsetzung entsprechen würde, 88 g Ester (1 Mol) und 18 g Wasser (1 Mol), sondern nur zwei Drittel dieser Gewichtsmengen, während ein Drittel des Alkohols und ein Drittel der Essigsäure unverändert bleiben. In genau der gleichen Weise setzen sich beim Zusammenbringen von 88 g Ester und 18 g Wasser nur der dritte Teil davon um. Beide Reaktionen führen also zu demselben Gleichgewichtszustande.

Aus dieser Tatsache erhellt, daß nicht nur die Molekeln $C_2H_5\cdot OH$ und $CH_3\cdot COOH$ aufeinander einwirken, sondern auch die Molekeln $CH_3\cdot COOC_2H_5$ und H_2O. Es verlaufen also in der obigen Gleichung die Reaktionen von links nach rechts und von rechts nach links

(Bildung und Rückbildung) so lange, bis der angegebene Gleichgewichtszustand hergestellt ist. Hinsichtlich dieser Tatsache nennt man diese Gleichgewichtsreaktionen auch reziproke oder reversible Vorgänge, im Gegensatze zu solchen Reaktionen, welche nur in einer einzigen Richtung verlaufen.

Offenbar wird eine chemische Umsetzung dann vollständig bis fast zum völligen Verbrauche der reagierenden Stoffe verlaufen, wenn unter den entstehenden Stoffen sich solche Produkte befinden, welche infolge ihrer Unlöslichkeit oder Flüchtigkeit aus dem Reaktionsbereiche entfernt werden. In diesem Falle wird die Reaktion, welche die Entstehung der ersten Mengen unlöslicher oder flüchtiger Stoffe bewirkte, sich stets aufs neue wiederholen können, bis die Reaktion vollständig verlaufen ist.

Wird Kalziumkarbonat ($CaCO_3$) erhitzt, so geht es vollständig in Kalziumoxyd (CaO) über, wenn das entstehende Kohlendioxyd (CO_2) entweichen kann: $CaCO_3 = CaO + CO_2$; denn in diesem Falle kann sich weder Kohlendioxyd noch Kalziumoxyd in Kalziumkarbonat zurückverwandeln. Erhitzt man jedoch Kalziumkarbonat in einem verschlossenen Gefäße, so daß das entstehende Kohlendioxyd im Reaktionsbereiche verbleibt, so wird nicht das gesamte Kalziumkarbonat zersetzt, sondern es tritt bei einer bestimmten Temperatur, wenn der Gasdruck des Kohlendioxydes eine ganz bestimmte Größe erreicht hat, ein Gleichgewichtszustand ein, bei welchem Kalziumkarbonat, Kalziumoxyd und Kohlendioxyd nebeneinander bestehen: $CaCO_3 \rightleftarrows CaO + CO_2$. Bedingung für einen chemischen Gleichgewichtszustand ist also, daß die Reaktionsprodukte nicht aus der Wirkungssphäre entfernt werden.

Wenn unter dem Namen System die Gesamtheit aller reagierenden Stoffe bei einem chemischen Vorgange verstanden wird, so können wir zwischen homogenen Systemen, welche an allen Punkten physikalisch gleichartig sind und heterogenen Systemen unterscheiden, bei denen eine Gleichartigkeit an verschiedenen Punkten nicht vorhanden ist.

Konzentration, Löslichkeitsprodukt, Reaktionsgeschwindigkeit.

Wie sich aus Messungen der elektrischen Leitfähigkeit gesättigter Lösungen ergeben hat, sind die gewöhnlich als unlöslich bezeichneten Substanzen in der Wirklichkeit nur schwer lösliche Stoffe. So z. B. fand man, daß sich in 1 Liter Wasser von 18° lösen: 1,2 mg Silberchlorid, 0,11 mg Silberbromid, 0,0035 mg Jodsilber, 2,6 mg Baryumsulfat, 5,9 mg Kalziumoxalat, 13 mg Kalziumkarbonat, 9 mg Magnesiumhydroxyd usw. Es gibt also keine absolut unlösliche Substanzen.

Die Konzentration wird berechnet, indem man angibt, wieviel Mole des betrachteten Stoffes in 1 Liter Flüssigkeit gelöst enthalten sind. Die räumliche Konzentration der Stoffe nennt man ihre aktive Masse.

Wenn man Ag˙ mit Cl′ fällt und genau soviel Cl′ hinzufügt wie Ag˙ vorhanden ist, so bleibt soviel Ag˙ in der Lösung wie der Löslichkeit des AgCl entspricht. Diese beträgt 0,000011 Mol, d. h. im Liter der gesättigten Lösung befinden sich rund 0,000011 × 108 = 1,2 mg Ag˙. Dieselbe Konzentration besitzt auch das zugehörige Anion Cl′. Das Produkt der Konzentration beider Ionen, also $[Ag^{\cdot}] \times [Cl'] = (1{,}1 \times 10^{-5})^2 = 1{,}21 \times 10^{-10}$, nennt man das Löslichkeitsprodukt des Chlorsilbers. Die Konzentrationen werden durch in eckigen Klammern eingeschlossene chemische Symbole bezeichnet.

Die Reaktionsgeschwindigkeit stellt das Verhältnis von umgesetzter Stoffmenge zu der zur Umsetzung nötigen Zeitdauer dar. Die Stoffmengen sind auch hier nach Molen zu rechnen. Es ist klar, daß eine Reaktion dann als eine schnelle bezeichnet wird, wenn in einer bestimmten Zeit große Stoffmengen umgesetzt sind, der eben genannte Quotient also groß wird, während die Reaktionsgeschwindigkeit klein genannt wird, wenn die in derselben Zeit umgesetzte Stoffmenge unbedeutend ist, der Quotient also einen geringen Wert hat.

Der Ausdruck Gleichgewicht der Formen rührt daher, daß der beobachtete Zustand des Systems nicht als ein Zustand der Ruhe, sondern als ein solcher der Bewegung aufzufassen ist; fortwährend findet Um- und Rückverwandlung der Formen statt; schließlich aber wird in einem gewissen Zeitraume von jeder Form die gleiche Menge gebildet und wieder zurückgebildet. Ist dieser Zustand eingetreten, so stehen die Mengen der Formen in einem festen Verhältnis zueinander. Der Einfluß der chemischen Masse auf das Gleichgewicht äußert sich dadurch, daß eine Vermehrung der Menge einer der reagierenden Substanzen die Umwandlungsmenge derjenigen Reaktion vermehrt, welche die hinzugesetzte Substanz auszuüben imstande ist.

Bei der Reaktion:

$$\text{Alkohol} + \text{Säure} \rightleftarrows \text{Ester} + \text{Wasser}$$

wird die Esterbildung begünstigt durch die Vermehrung der Säuremenge und auch durch Vermehrung der Alkoholmenge. Wasserzusatz hingegen beeinträchtigt die Esterbildung. Aus dem Vorhergehenden ergibt sich, daß jeder an einem chemischen Vorgange beteiligte Stoff das Bestreben hat, sich zu verändern. Man nennt dieses Bestreben des Stoffes, sich zu verändern, in andere Stoffe überzugehen, zu verschwinden, die chemische Kraft oder das chemische Potential des Stoffes. Das chemische Potential eines bestimmten Stoffes ist um so größer, je größer seine Konzentration oder die in einem bestimmten Raume enthaltene Menge derselben ist. Jedem Stoff kommt bei einer gegebenen Konzentration ein bestimmtes, von seiner Natur abhängiges chemisches Potential zu. Da bei einem bestimmten chemischen Vorgange die chemischen Potentiale der entstehenden Stoffe den Potentialen der verschwundenen, ursprünglichen Stoffe entgegenwirken, so kommen nicht die

Potentiale selbst in Betracht, sondern die Unterschiede der Potentiale der verschwindenden und entstehenden Stoffe.

Nach Robert Luther können wir einen Gleichgewichtszustand mit Hilfe eines in der Ebene des Papiers um seinen Mittelpunkt drehbaren zweiarmigen Hebels (Fig. 14) bildlich veranschaulichen, indem wir an dem Ende eines jeden der beiden Arme auf einer Seite je einen reagierenden, auf der entgegengesetzten Seite je einen entstehenden Stoff anbringen. Die von der Masse abhängigen chemischen Kräfte *a*, *e*, *s*, *w* der einzelnen Stoffe sollen in der Richtung der Pfeile auf den betreffenden Arm des Hebels drücken und so eine Bewegung des Hebels zu veranlassen streben.

Bei der Esterbildung, die wir hier als Beispiel wählen, üben die chemische Kraft *a* des Alkohols und das Potential *s* der Säure einen Druck auf den Hebel aus, der ihn in der Richtung des Uhr-

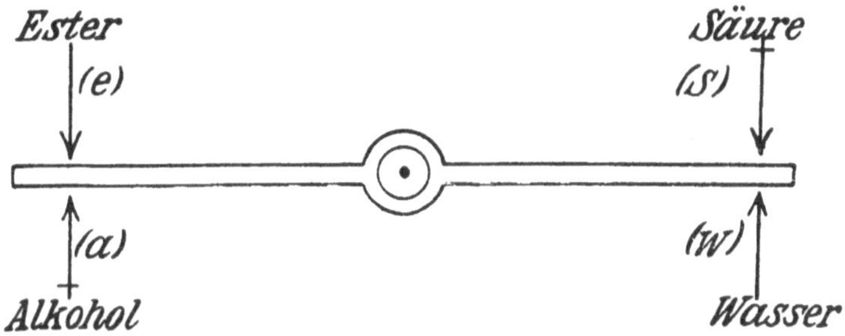

Fig. 14.

zeigers zu bewegen bestrebt ist, während das Potential *e* des Esters und das Potential *w* des Wassers einen Druck in entgegengesetzter Richtung ausüben. Sind diese Potentiale paarweise gleich, so befindet sich der Hebel in Ruhe, es herrscht Gleichgewicht. Vergrößern wir aber die chemische Kraft einer dieser Stoffe, z. B. der Säure, dadurch, daß wir ihre Masse vermehren, so kann das Gleichgewicht nicht mehr in der früheren Form erhalten bleiben, der Hebel bewegt sich nach der Seite des Esters und des Wassers hin. Soll wieder Gleichgewicht eintreten, so muß auch die Masse des Esters und des Wassers vermehrt werden, die Reaktion geht im Sinne der Bildung von Ester und Wasser vor sich. Dasselbe geschieht auch, wenn wir *a* verstärken, d. h. Alkohol zugießen oder auch *e* und *w* schwächen, d. h. Ester und Wasser zum Teile fortnehmen. Andererseits bewirkt eine Verstärkung von *e* und *w*, d. h. Zugießen von Ester und Wasser, auch Vergrößerung von *a* und *s*, d. h. Zunahme des Alkohols und der Säure; eine Schwächung von *a* und *s*, also eine teilweise Fortnahme von Alkohol und Säure, auch eine Verringerung von

e und w, eine Verringerung der Menge des Esters und des Wassers; die Reaktion geht in diesem Falle im Sinne der Rückbildung von Säure und Alkohol vor sich. Wenn wir ferner das Potential eines Stoffes, z. B. des Wassers, gleich Null machen, indem wir es fortwährend aus dem Reaktionsbereiche entfernen, so wird offenbar nur dann ein Gleichgewichtszustand eintreten, wenn auch die entgegengesetzt wirkenden Kräfte gleich Null werden, wenn also der Alkohol oder die Säure verschwindet. Die Reaktion verläuft in diesem Falle vollständig, bis aller Alkohol oder die ganze Menge Essigsäure verbraucht ist.

Es sei eine umkehrbare chemische Reaktion gegeben, bei welcher von den an der Reaktion beteiligten Stoffen eine gleiche Zahl Mole miteinander reagieren und die der allgemeinen chemischen Gleichung

$$A + A_1 \rightleftarrows B + B_1$$

entspricht, wobei die beiden entgegengesetzten Pfeilstriche ausdrücken sollen, daß die Reaktion nach beiden Richtungen verlaufend schließlich zu einem Gleichgewichte führt, bei welchem in einem gewissen Zeitraume von jeder Form die gleiche Menge gebildet und wieder zurückgebildet wird.

Die Substanzmengen von A und A_1, welche sich in der Zeiteinheit in die Substanzen B und B_1 umwandeln, mit anderen Worten, die Geschwindigkeit, mit welcher die Reaktion von links nach rechts verläuft, hängt offenbar von der Zahl der in der Zeiteinheit zwischen A und A_1 vorkommenden Zusammenstöße, also von den Konzentrationen der beiden Stoffe ab, welche mit a und a_1 bezeichnet werden sollen. Befinden sich in jedem Liter des Gesamtvolums a Gramm-Molekeln von A und a_1 Gramm-Molekeln von A_1, so wird jede Molekel des Stoffes A für den Zusammenstoß mit einer Molekel des Stoffes A_1 in der Zeiteinheit die Möglichkeit a_1 besitzen. Für a Molekeln des Stoffes A wird mithin diese Möglichkeit des Zusammenstoßes $= a a_1$ sein.

Die Reaktionsgeschwindigkeit von links nach rechts hängt somit zunächst von der Häufigkeit der Zusammenstöße der Molekeln, welche dem Produkt $a a_1$ direkt proportional ist, ab, ferner aber noch von der Natur der Stoffe, der Temperatur usw., also von Einflüssen, welche für jede Reaktion einen bestimmten Wert haben und als konstant mit k bezeichnet werden. Die Geschwindigkeit läßt sich also durch den Ausdruck $k \cdot a \cdot a_1$ darstellen. Die Geschwindigkeit, mit der die Reaktion von rechts nach links verläuft, wird also analog durch $k_1 \cdot b \cdot b_1$ ausgedrückt, wobei k_1 eine für die Umwandlung von $B + B_1$ in $A + A_1$ geltende Konstante darstellt und b sowie b_1 die Konzentrationen von B und B_1 bezeichnen.

Das Gleichgewicht ist dann erreicht, wenn die Reaktion nach beiden Richtungen hin mit gleicher Geschwindigkeit verläuft, wenn

$$k \cdot a \cdot a_1 = k_1 \cdot b \cdot b_1,$$

also

$$\frac{a \cdot a_1}{b \cdot b_1} = \frac{k_1}{k} = K \text{ ist.}$$

Die Gleichung besagt, daß im Gleichgewichtszustande das Produkt der Konzentrationen auf der einen Seite einer chemischen Gleichung, dividiert durch das Produkt der Konzentrationen auf der anderen Seite stets denselben Wert ergibt, daß also in diesem Falle der Quotient aus dem Produkte der Konzentrationen der Ausgangsstoffe und dem der Reaktionsstoffe einen konstanten Wert besitzt.

Es ist klar, daß, wenn der Prozeß in einer Spaltung und Wiederbildung besteht, z. B. wenn die Reaktion $NH_4Cl \rightleftarrows NH_3 + HCl$ ($A \rightleftarrows B + B_1$) vorliegt, die Gleichung dann die Form $k \cdot a = k_1 \cdot b \cdot b_1$ oder $\frac{k}{k_1} = K = \frac{b \cdot b_1}{a}$ annehmen wird, wo a die Konzentration des nicht dissoziierten Teiles angibt.

Wenn mehrere Molekeln desselben Stoffes an dem Prozesse teilnehmen, also z. B. für den Fall $H_2O + H_2O \rightleftarrows H_2 + H_2 + O_2$ ($2H_2O \rightleftarrows 2H_2 + O_2$), wird die obige Gleichung die Form $k \cdot a \cdot a = k_1 \cdot b \cdot b \cdot b_1$ oder $k \cdot a^2 = k_1 \cdot b^2 \cdot b_1$ annehmen.

Für die Gleichung

$$nA + n_1A_1 \rightleftarrows mB + m_1B_1,$$

bei welcher n, n_1 m und m_1 die Zahl der an der Reaktion beteiligten Mole darstellt, ergibt sich also für den Fall des Gleichgewichtes

$$k a^n a_1^{n_1} = k_1 b^m b_1^{m_1},$$

$$\frac{a^n a_1^{n_1}}{b^m b_1^{m_1}} = \frac{k_1}{k} = K.$$

Bei der Esterbildung aus Säure und Alkohol (S. 136), bei welcher wir von normalen Konzentrationen ausgegangen sind, so daß die Konzentration jedes an der Reaktion beteiligten Stoffes gleich 1 ist, tritt Gleichgewicht ein, wenn von den beiden in der Reaktionsgleichung links stehenden Stoffen noch $^1/_3$ Mol unverändert geblieben ist und von den in der Gleichung rechts stehenden Stoffen $^2/_3$ Mol entstanden sind. Es ist also die Gleichgewichtskonstante

$$K = \frac{^1/_3 \cdot {^1/_3}}{^2/_3 \cdot {^2/_3}} = {^1/_4}.$$

Lassen wir Äthylalkohol und Essigsäure nicht in molaren Mengen, sondern in beliebiger Konzentration aufeinander einwirken, so verläuft die Reaktion dem Gesetz der chemischen Statik gemäß stets so lange, bis das Verhältnis der Konzentrationen gleich $^1/_4$ geworden ist. Bringen wir z. B. 2 Mole Essigsäure mit 1 Mol Alkohol zusammen, so bleibt im Zustande des Gleichgewichtes mehr als $^1/_3$ Essigsäure unverändert. Nennen wir die Menge Essigsäure und Alkohol, die beim Zustande des Gleichgewichtes verschwunden ist, x, so ist die entstandene Menge des Esters und auch die des Wassers ebenfalls x. Es sind also nach Erreichung des Gleichgewichtszustandes $2 - x$ Mole Essigsäure, $1 - x$ Mol Alkohol, ferner x Mol Ester sowie x Mol Wasser vorhanden, und es ist

$$\frac{(2-x)\cdot(1-x)}{x^2} = K = {}^1/_4.$$

Da sich aus dieser quadratischen Gleichung x zu 0,846 berechnet,[1]) so ergibt sich daraus, daß bei der Einwirkung von 2 Molen Essigsäure auf 1 Mol Äthylalkohol ein Gleichgewichtszustand eintritt, bei welchem sich Essigsäure, Alkohol, Essigsäure-Äthyl-Ester und Wasser in folgendem Endgewichtszustande befinden:

$$1{,}154\, C_2H_3O\cdot OH + 0{,}154\, C_2H_5\cdot OH + 0{,}846\,(C_2H_3O\cdot OC_2H_5 + H_2O).$$

Eine der wichtigsten Anwendungen, welche die Theorie des homogenen Gleichgewichtes erfahren hat, ist die auf den Zustand gelöster Elektrolyte. In derartigen Lösungen besteht zwischen den Ionen des Elektrolyts und dem nicht dissoziierten Anteil ein Gleichgewichtszustand, welcher durch die angegebenen Gleichungen geregelt wird.

Haben wir, um den einfachsten Fall zu nehmen, einen binären Elektrolyt AK, welcher in die Ionen A' und $K^{\cdot}$ zerfallen kann, und bezeichnet C die undissoziierte Molekel, so ist, da man annehmen muß, daß die beiderlei einwertigen Ionen in der Lösung sich öfter begegnen und wieder voneinander trennen, dieser reversible Vorgang durch die Gleichung auszudrücken:

$$C \rightleftarrows A' + K^{\cdot}.$$

---

[1])
$$\frac{(2-x)(1-x)}{x_2} = {}^1/_4,$$
$$4(2-x)(1-x) = x^2,$$
$$4(2-x-2x+x^2) = x^2,$$
$$8 - 12x + 3x^2 = 0,$$
$$\left.\begin{matrix} x^2 - 4x + {}^8/_3 = 0; \\ {}^4/_3 = {}^4/_3 \end{matrix}\right\} \text{ Ergänzung zu einem Quadrat:}$$
$$x^2 - 4x + 4 = {}^4/_3,$$
$$(x-2)^2 = {}^4/_3,$$
$$x - 2 = \pm\sqrt{{}^4/_3} = \pm\frac{2}{\sqrt{3}}.$$

1. Gleichung: $x_1 = 2 + \frac{2}{\sqrt{3}}$

2. Gleichung: $x_2 = 2 - \frac{2}{\sqrt{3}}$; da $x < 1$, so machen wir x_2 rational:

$$x_2 = 2 - \frac{2\sqrt{3}}{3} = 2 - \frac{2}{3}\cdot 1{,}732\ldots = 2 - 2\cdot 0{,}577 = 0{,}846\ldots$$

Von derartigen Prozessen besagt nun das eben abgeleitete Gesetz der Massenwirkung, daß das Verhältnis des Produktes der Konzentrationen (d. h. der in einem Liter enthaltenen Anzahl Grammionen) der Anionen und Kationen a und b zu der Konzentration des nichtdissoziierten Anteils c für eine bestimmte Temperatur gleich einer den betreffenden Elektrolyten charakterisierenden Konstante K ist, also

$$\frac{a \cdot b}{c} = k \quad \text{oder} \quad a \cdot b = kc.$$

Die Konstante k, die hier als Dissoziationskonstante bezeichnet wird, ist bei allen stark dissoziierten Stoffen groß, bei den nur wenig dissoziierten Stoffen klein. Im ersten Falle ist der Nenner des Bruches $\frac{ab}{c}$ im Verhältnis zu $a \cdot b$ klein, im letzteren Falle groß.

Da in der obigen Gleichung c bei gegebener Temperatur konstant ist, so muß es auch kc und somit auch $a \cdot b$ sein.

In der gesättigten Lösung eines ionisierbaren Stoffes ist also das Produkt der Ionenkonzentrationen oder das Löslichkeitsprodukt konstant.

Der Dissoziationsgrad eines gelösten Stoffes kann aus dem osmotischen Druck, aus der Gefrierpunktserniedrigung, aus der Erhöhung des Siedepunktes und mittels Bestimmung der Leitfähigkeit der Lösung ermittelt werden (S. 113 u. S. 135). Ist E die normale Zahl, die 1 Mol eines Nichtelektrolyten, im Liter gelöst, ergibt (beim osmotischen Druck 22,4 Atmosphären) und t die beobachtete Gefrierpunktserniedrigung, Siedepunktserhöhung oder der beobachtete osmotische Druck, so ist $\frac{t}{E} = a$ die Anzahl Mole, die durch Dissoziation aus dem einen Mol entstanden sind. Finden wir bei einem binären Elektrolyten z. B. den Gefrierpunkt $t = -2{,}79^{0}$, so ist, da der normale Gefrierpunkt der wässerigen Lösung von 1 Mol eines Nichtelektrolyten im Liter $-1{,}87$ beträgt, $a = \frac{2{,}79}{1{,}87} = 1{,}55$, d. h. aus 1 Mol sind 1,55 Mole entstanden, d. h. der gelöste Stoff ist zu 55 % dissoziiert. Genau so berechnet man den Dissoziationsgrad aus der Siedepunktserhöhung und aus dem osmotischen Druck.

Da man also den Dissoziationsgrad eines gelösten Stoffes bestimmen kann, so kann man auch die Konzentration der undissoziierten Molekeln, sowie die Konzentration der Ionen berechnen.

Ist C_s die Konzentration der undissoziierten Molekeln des gelösten Stoffes, C_i die Konzentration jedes einzelnen Ions, so ergibt die Anwendung des Massenwirkungsgesetzes, da die Konzentrationen der Ionenarten in jeder Lösung gleich sein müssen, beim Zerfall in zwei Ionen die Gleichung:

$$K C_s = C_i^2,$$

also

$$K = \frac{C_i^2}{C_s}.$$

Bedeutet n die Anzahl der Ionen, die aus einer Molekel entstanden ist, z. B. bei NaCl zwei, bei $Na_2SO_4(Na^{\cdot} + Na^{\cdot} + SO_4'')$ drei usw., so erhält die Dissoziationskonstante die allgemeine Form:

$$K = \frac{C_i^n}{C_s}.$$

Die Größe der Dissoziationskonstante ergibt die Stärke einer Säure oder Base; je stärker eine Säure oder Base ist, desto kleiner ist C_s und desto größer ist der Wert des Bruches $\frac{C_i^n}{C_s}$.

Eine Lösung ist für einen Elektrolyten gesättigt, wenn in ihr so viel Ionen des zu lösenden Stoffes vorhanden sind, daß das Produkt dieser Ionenkonzentrationen gleich dem Löslichkeitsprodukte ist.

Wird z. B. einer der Faktoren im konstanten Produkte $a \cdot b$ der obigen Gleichung $a \cdot b = k \cdot c$ vergrößert, so muß der andere kleiner werden.

Einige Anwendungen dieser Gleichung seien hier angeführt. Die in der analytischen Chemie üblichen Fällungsreaktionen bezwecken die Abscheidung eines Ions. Setzen wir zur Bestimmung von Sulfation SO_4'' die dem SO_4 äquivalente Menge Baryumsalz hinzu, so bleibt nach dem Ausfällen des Baryumsulfats so viel SO_4'' gelöst, daß die Menge mit dem ebenfalls noch vorhandenen Ion Ba'' das Löslichkeitsprodukt des Baryumsulfats ergibt. Ein weiterer Zusatz von Baryumsalzlösung vermehrt den entsprechenden Faktor des Produktes und der andere muß daher kleiner werden.

Die Fällung muß daher, um sie möglichst vollständig zu machen, mit einem Überschuß des Fällungsmittels bewirkt werden. Was für die Fällung der Niederschläge gilt, behält auch für das Auswaschen seine Bedeutung bei. Ein Niederschlag ist in einer Lösung, die eines seiner Ionen enthält, weniger löslich als in reinem Wasser.

Wenn man $Ag^{\cdot}$ mit Cl' fällt und genau so viel Cl' hinzufügt wie $Ag^{\cdot}$ vorhanden ist, so bleibt nach der Fällung von AgCl so viel $Ag^{\cdot}$ in Lösung, wie der Löslichkeit des gefällten Chlorsilbers AgCl entspricht. Diese beträgt 0,000011 Mol, d. h. im Liter der gesättigten Lösung befinden sich $0{,}000011 \times 108 = 1{,}2$ mg Silber.

Das Löslichkeitsprodukt des Chlorsilbers $L = [Ag^{\cdot}] \cdot [Cl']$ ist also $0{,}000011 \text{ Mol} \times 0{,}000011 \text{ Mol} = (1{,}1 \cdot 10^{-5})^2 = 1{,}21 \cdot 10^{-10}$.

Fügt man zur Fällung des Silbers so viel Chlorid oder Chlorwasserstoff hinzu, daß die Lösung in bezug auf Cl'-Ionen normal wird, also $[Cl'] = 1$, so wird, da L konstant bleibt, die Konzentration der $Ag^{\cdot}$-Ionen nur noch $1{,}2 \cdot 10^{-10}$ Mol betragen. Aus diesem Grunde gibt man bei der Fällung des Silbers das Cl-Ion enthaltende Fällungsmittel in Überschuß hinzu und wäscht den Niederschlag mit Cl'-haltigen Lösungen (verdünnte Salzsäure) aus.

Wir wollen untersuchen, welche Wirkung eintritt, wenn ein wenig dissoziierter Elektrolyt, z. B. eine schwache Säure, mit einem stark dissoziierten Elektrolyten mit einem gleichen Anion, also dem Salz der fraglichen Säure (z. B. Essigsäure mit essigsaurem Natrium), zusammentrifft.

Der Gleichgewichtszustand der teilweise dissoziierten Säure ist durch die Gleichung

$$ab = kc$$

gegeben, wo a die Konzentration des Anions, b die des Kations, also hier des Wasserstoffs, und c die des nicht dissoziierten Anteils, welche bei der schwachen Säure einen großen Wert gegen a und b hat. Wird nun das Neutralsalz derselben Säure, welches also das gleiche Anion hat, hinzugefügt, so wird dadurch a stark vergrößert und b (die Konzentration der Wasserstoffionen) muß fast in demselben Verhältnis kleiner werden, da c sich nur wenig vergrößern kann, indem der größere Teil der Säure schon im nichtdissoziierten Zustande vorhanden ist. Es findet also ein starker Rückgang an Wasserstoffionen statt. Da aber die charakteristischen Reaktionen der Säuren (auch ihre Stärke) gerade von der Konzentration der Wasserstoffionen abhängen, so werden demnach die Wirkungen der Säure um so mehr geschwächt, je beträchtlicher dieser Zusatz ist und ferner je schwächer die fragliche Säure schon an und für sich ist. Fügt man einer Lösung, welche eine starke Säure, z. B. Salzsäure enthält, Natriumazetat im Überschuß hinzu, so hat dies nicht nur die Wirkung, daß an Stelle der stark dissoziierten Salzsäure die schwach dissoziierte Essigsäure tritt, sondern noch die weitere Wirkung, daß bei überschüssigem Azetat auch die Dissoziation der Essigsäure selbst (also ihre saure Reaktion) in erheblichem Maße herabgedrückt wird. Ein solcher Zusatz hat also den Erfolg, daß man eine Flüssigkeit erhält, die fast wie eine neutral reagierende sich verhält.

Es läßt sich also allgemein sagen, daß schwache Säuren in Gegenwart ihrer Salze schwächere saure Eigenschaften zeigen als in rein wässeriger Lösung.

Es ist bekannt, daß Magnesium aus der Lösung seiner Salze durch Ammoniak als Hydroxyd ausgefällt wird, daß diese Fällung aber unterbleibt, wenn die Lösung Ammoniumsalze enthält. Die Fällung des Magnesiums als Hydroxyd ist bedingt durch die OH-Ionen des Ammoniumhydroxydes: $Mg^{\cdot\cdot} + 2OH' = Mg(OH)_2$.

Der Gleichgewichtszustand zwischen den Ionen des Ammoniumhydroxydes ($NH_4^{\cdot} = b$) + ($OH' = a$) und den undissoziierten Molekeln $NH_4OH = c$ ist durch die Gleichung $ab = kc$ gegeben. Die OH-Ionen (a) bewirken die Fällung des Magnesiums als Hydroxyd.

Befindet sich aber gleichzeitig ein Ammoniumsalz in der Lösung, welches seinerseits NH_4-Ionen enthält, so wird die Konzentration der NH_4-Ionen vergrößert. Wenn aber in der Gleichung die NH_4-Ionenkonzentration (b) erhöht ist, so muß, damit die Gleichung weiter gelten kann, a, d. h. die OH-Ionenkonzentration, vermindert sein. Durch den Zusatz eines Ammoniumsalzes wird also die Menge der OH-Ionen verringert, welche die Ausfällung des Magnesiums bewirken, und es kann durch genügenden Zusatz von Ammoniumsalz die Verringerung so stark werden, daß die OH-Ionenkonzentration zu einer Fällung nicht mehr ausreicht. Dies ist dann der Fall, wenn nicht mehr OH-Ionen vorhanden sind als dem Löslichkeitsprodukte $[Mg^{\cdot\cdot}]\cdot[OH']_2$ entspricht (1 l Wasser löst bei 18^0 9 mg Magnesiumhydroxyd).

Schwache Basen zeigen also bei Gegenwart ihrer Salze schwächere basische Eigenschaften.

Durch die Anwendung der Gleichgewichtsgleichung läßt sich auch erklären, warum hydrolytische Spaltungen in saurer Lösung nicht bewirkt werden. Wie uns bekannt, ist das Wasser in sehr geringem Grade in Ionen zerfallen und es muß zwischen den Ionen des Wassers und den undissoziierten Molekeln ein chemisches Gleichgewicht bestehen, das folgendermaßen geschrieben werden kann:

$$[H^{\cdot}]\cdot[OH'] = K\cdot[H_2O].$$

Die in diesem Gleichgewichte vorhandenen OH-Ionen reichen aus, um z. B. Wismut zu fällen. Versetzen wir aber die Flüssigkeit mit einer Säure, vermehren wir also die H-Ionenkonzentration, so muß die OH-Ionenkonzentration verringert werden, und eine hydrolytische Spaltung durch die OH-Ionen des Wassers wird unmöglich. Infolgedessen sind Wismutsalze, die in Wasser unlöslich sind, in Säuren löslich.

In folgendem wollen wir die bei der Fällung und Lösung von Niederschlägen herrschenden Gleichgewichtszustände kurz zusammenfassen.

Das über einem Niederschlage befindliche Wasser enthält, da es keine vollkommen unlösliche Stoffe gibt, die Ionen der ausgefällten Stoffe neben einem sehr kleinen Teile des nichtdissoziierten Stoffes gelöst. Da es sich bei der Fällung um sehr schwer lösliche Stoffe handelt, daher eine „unendlich verdünnte" Lösung vorliegt, so kann man ihre Lösung als ganz dissoziiert ansehen.

Spaltet sich ein Elektrolyt AB (hier der Niederschlag) in die Ionen $A' + B^{\cdot}$ und sind die betreffenden Konzentrationen c' (Menge des Niederschlages), a' (vom Ion A'), b' vom Ion B.), so ist nach dem Massenwirkungsgesetz kc' (Menge des Niederschlages) $= a'b'$.

Zwischen dem Niederschlage und der darüber stehenden Flüssigkeit findet also Gleichgewicht statt, wenn das Produkt der Konzentrationen der Ionen, in die der Niederschlag zerfällt, also das Löslichkeitsprodukt, einen bestimmten Wert erreicht hat.

Wie uns bekannt, können wir dadurch, daß wir die Konzentration der einzelnen an einem chemischen Umsatz beteiligten Stoffe, die sich im Gleichgewichte befinden, ändern, das Gleichgewicht verschieben (vergleiche Seite 139). Wenn wir also in dem beweglichen Gleichgewichtssysteme

$$k c' \text{ (Niederschlagsmenge) } \rightleftarrows a'b' \text{ (Lösung)}$$

das Löslichkeitsprodukt $a'b'$ vergrößern oder überschreiten, indem wir ein Ion, a' oder b', hinzufügen, so wird sich gemäß des Massenwirkungsgesetzes, nach welchem sich die an einem chemischen Prozeß beteiligten Stoffe im Verhältnis ihrer Konzentration umzuwandeln streben, der Niederschlag vermehren, d. h. die Ionen haben das Bestreben, in Atome überzugehen oder die chemische Reaktion geht in diesem Falle in der obigen Gleichung von rechts nach links vor sich. Vermindern wir jedoch eines der Ionen oder bringen wir es zum Verschwinden, vermindern wir also das Löslichkeitsprodukt, so geht die Reaktion in der obigen Gleichung von links nach rechts vor sich, d. h. der Niederschlag geht in Lösung.

Einige Beispiele mögen diese Verhältnisse klarlegen.

Wenn man Silberbromid mit reinem Wasser schüttelt, so wird das Silberbromid so lange in Lösung gehen, bis es mit den daraus entstehenden Silber- und Bromionen ins Gleichgewicht kommt, d. h. bis das Löslichkeitsprodukt dieser Ionen erreicht ist. Vergrößert man die Konzentration der Silber- oder Bromionen, dann muß der Vorgang zurückgehen, es muß Silberbromid ausfallen; verringert man aber deren Menge auf irgendeine Weise, so müssen sich neue Mengen von Silberbromid auflösen. In Silbersalzlösungen (mit Silberionen) oder in Lösungen von Bromiden (mit Bromionen) wird also Silberbromid weniger löslich sein als in reinem Wasser; mehr dagegen in solchen, welche entweder das Silber- oder das Bromion in irgendwelcher Weise binden oder verändern, so daß es nicht mehr als solches vorhanden ist und daher nicht mehr seine rückwirkende chemische Kraft ausüben kann. Auf eine solche Weise wirkt z. B. eine Lösung von Natriumthiosulfat ($Na_2S_2O_3$). Das Silberion bildet mit dieser Verbindung ein in Wasser leicht lösliches Salz $Na_3[Ag(S_2O_3)_2]$, in welchem es den Bestandteil des komplexen Ions $[Ag(S_2O_3)_2]'''$ bildet und daher als Ion verschwindet. Die Menge der Silberionen nimmt also in der Lösung ab, das Gleichgewicht ist also gestört und es müssen sich neue Mengen Silberbromid lösen.

In denselben Kreis der Erscheinungen gehört die Auflösung einer in Wasser schwer löslichen Base oder eines darin schwer löslichen Salzes in einer Säure. Wenn beispielsweise Magnesiumhydroxyd mit Wasser in Berührung ist, so bildet sich eine Lösung, welche neben sehr geringen Mengen nichtdissoziierten Hydroxydes die Ionen Magnesium und Hydroxyd enthält. Setzt man eine Säure, z. B. Salzsäure, also Wasserstoffionen hinzu, so vereinigt sich das Wasserstoffion mit dem Hydroxylion zu nichtdissoziiertem Wasser. Dadurch wird das Löslichkeitsprodukt Magnesiumion mal Hydroxylion durch Verschwinden von Hydroxylionen kleiner und Magnesium muß in Lösung gehen. Dies dauert so lange, bis alles Wasserstoffion der Salzsäure verbraucht ist; in der Lösung befindet sich die entsprechende Menge von Magnesiumion und Chlorion.

Wenn z. B. Salzsäure auf Kalziumphosphat einwirkt, so verbindet sich das Phosphation im Löslichkeitsprodukt Kalziumion mal Phosphation mit dem Wasserstoffion der Säure zu nichtdissoziierter Phosphorsäure (Phosphorsäure ist eine schwache Säure). Es verschwindet daher im Löslichkeitsprodukt das Phosphation und weitere Mengen von Kalziumphosphat müssen in Lösung gehen.

Eine wesentliche Bedingung für diesen Vorgang ist also, daß die entstehende Säure wenig dissoziiert ist. Es werden also nur schwerlösliche Salze schwacher Säuren durch stärkere Säuren gelöst.

Zinksulfid ist schwerlöslich in Wasser und hat daher ein sehr kleines Löslichkeitsprodukt $k\mathrm{ZnS} = [\mathrm{Zn}^{\cdot\cdot}]\cdot[\mathrm{S}'']$. Schüttelt man Zinksulfid mit Wasser und fügt eine Säure hinzu, so verbinden sich die $\mathrm{H}^{\cdot}$-Ionen der Säure mit dem Schwefel des Löslichkeitsproduktes zu nichtdissoziiertem H_2S (H_2S ist eine schwache Säure), das Löslichkeitsprodukt wird geringer, folglich löst sich Zinksulfid in Säuren auf.

$\mathrm{H}^{\cdot}$-Ionen lösen also Zinksulfid auf, in Gegenwart von Säuren wird also durch Einleiten von Schwefelwasserstoff in eine Zinksalzlösung kein Zinksulfid gefällt. Gibt man aber Azetatlösung hinzu, so wird sich das Azetation mit dem $\mathrm{H}^{\cdot}$-Ion des Schwefelwasserstoffes zu nichtdissoziierter Essigsäure verbinden und das S''-Ion wird das Löslichkeitsprodukt $[\mathrm{Zn}^{\cdot\cdot}]\cdot[\mathrm{S}'']$ vergrößern, daher wird Zinksulfid ausgefällt.

Aus dem Vorhergehenden wird ersichtlich, welch weitgehende Bedeutung der Dissoziationslehre bei der Erklärung chemischer Reaktionen zukommt.

Über die Energiequellen, aus welchen die Ladungen der Ionen hervorgehen, haben thermochemische Versuche einigen Aufschluß erteilt. Diese Versuche haben ergeben, daß der Ionisierungsvorgang mit Wärmeänderungen verknüpft ist. In den meisten Fällen findet die Ionisierung unter Wärmebindung (also unter negativer Wärmetönung) statt, in einigen Fällen auch unter Wärmeabgabe. Offenbar erfährt also bei dem Übergange eines chemischen Elementes in die Ionenform die ihm innewohnende Energie eine Änderung. Letztere aber bedingt zugleich den Wechsel der Eigenschaften, bewirkt also, daß sich die Ionen anders verhalten als sonst die freien Elemente.

In manchen Fällen ist die Dissoziationswärme der Elektrolyte, wenn auch indirekt, meßbar. Da die Neutralisation von äqui-molekularen Mengen starker einbasischer Säuren und Basen in der Vereinigung von Wasserstoffionen der Säure und der Hydroxylionen der Base zu neutralem Wasser besteht, so werden hierbei stets gleiche Wärmemengen entbunden. Beim Vermischen verdünnter Lösungen von je 1 Mol Salpetersäure und Natriumhydroxyd werden bei 25° 13,68 Kal frei, und diese Größe stellt die auf 1 Valenz bezogene Neutralisationswärme dar; es ist also bei 25°

$$H^{\cdot} + OH' = H_2O + 13{,}68 \text{ Kal.}$$

und umgekehrt werden bei der Ionisierung eines Mols Wasser 13,68 Kal. bei 25° verbraucht:

$$H_2O = H^{\cdot} + OH' - 13{,}68 \text{ Kal.}$$

Die Wasserstoffionen geben also bei der Vereinigung mit den Hydroxylionen nur 13,68 Kal. ab, während die Verbindungswärme des Wassers aus ihren gasförmigen Bestandteilen 68 Kal. beträgt.

Nach der Ionentheorie besteht die Verdrängung des Metalls eines gelösten Salzes durch eine äquivalente Menge eines anderen darin, daß das eine Metall den Ionenzustand aufgibt und das andere ihn aufnimmt, und es ist daher vorauszusehen, daß die Wärmemenge, welche bei einem solchen Prozeß entbunden wird, stets dieselbe sein wird. Die Versuche haben diese Voraussetzung und damit auch die Dissoziationstheorie bestätigt.

Register.

MIX
Papier | Fördert gute Waldnutzung
FSC® C083411

Zeitfracht Medien GmbH
Ferdinand-Jühlke-Straße 7
99095 Erfurt, Deutschland
produktsicherheit@kolibri360.de